RIORDINARE LA MATEMATICA 1

Prima Superiore

Meredyth Rhys

A
Daniel,
Cristina, Danilo
e tutti i miei studenti e lettori

Presentazione

Innanzi tutto se siete arrivati qui, vuol dire che in qualche modo il libro e/o la quarta di copertina vi hanno attirato e in tal caso volevo **ringraziarvi per l'acquisto**. Vuol dire tanto per me aver scritto questo libro, frutto di anni di insegnamento nel settore privato e nelle lezioni di recupero ai ragazzi delle scuole superiori e università.

Se ti stai domandando il perché di un titolo del genere "Riordinare la Matematica", beh... con gli anni di insegnamento mi sono resa conto che quando gli studenti mi dicevano *"La matematica è difficile"* o *"Ci sono troppe regole, non le imparerò mai tutte"*, in realtà era solo perché in poco tempo cercavano di memorizzare troppe cose, rendendo i concetti solo più confusi e mai standard.

È vero, alcune volte la matematica è comunque complessa, è utile in tantissimi campi, dall'economia alle previsioni metereologiche, ma la lacuna nelle **basi** molte volte è ciò che rende le cose DIFFICILI.

L'idea nel raccogliere tutti i miei appunti di questi anni è nata semplicemente da questo:

Riordinare le idee ed i concetti della Matematica

Ho deciso quindi di schiacciare il tasto pausa, fermarmi e riprendere dall'inizio, soffermandomi sui concetti fondamentali, spiegandoli in maniera semplice, senza troppa terminologia matematica, in modo da arrivare ad avere un manuale utile per la risoluzione degli esercizi, aiutando a imprimere fermamente le **basi**.

Spero di poter essere utile in questo! Durante la trattazione troverete spiegazioni molto semplici, accompagnate da esempi scritti a mano o tramite l'estensione per la scrittura matematica.

Questo testo non include esercizi, perché vuole essere un manuale di supporto, di affiancamento, da portare sempre con sé, quando non si ricorda una regola o un procedimento. Ma dal mio punto di vista, è importantissimo consolidare le basi con tanti esercizi, in quanto gli argomenti trattati saranno fondamentali per lo svolgimento degli anni scolastici successivi la prima superiore.

Nel caso aveste suggerimenti e/o trovaste le argomentazioni spiegate in maniera troppo complessa o mancanti, vi prego di scrivermi tranquillamente al mio indirizzo e-mail:

meredythrhys@gmail.com

Per il momento non posso che RINGRAZIARVI ulteriormente per la vostra gentilezza e augurarvi, buona lettura!

INDICE

Presentazione 4
INDICE 5
GLOSSARIO di BASE 7
RIPASSO: Proprietà delle Potenze 8
I Numeri Relativi 9
    SOMMA ALGEBRICA 10
    MOLTIPLICAZIONE 13
    DIVISIONE 14
    ELEVAMENTO A POTENZA 15
I Monomi 16
    SOMMA ALGEBRICA 16
    MOLTIPLICAZIONE 18
    DIVISIONE 19
    ELEVAMENTO A POTENZA 20
I Polinomi 21
    SOMMA ALGEBRICA 22
    MOLTIPLICAZIONE 23
    PRODOTTI NOTEVOLI 24
        QUADRATO DI UN BINOMIO 24
        CUBO DI UN BINOMIO 25
        TRIANGOLO DI TARTAGLIA 26
        QUADRATO DI UN TRINOMIO 28
        SOMMA PER DIFFERENZA 29
Le Scomposizioni 30
    RACCOGLIMENTO A FATTOR COMUNE 30
    2 TERMINI 31
        I due termini sono entrambi elevati alla seconda e sono discordi? 31
        I due termini sono elevati alla terza? 32
    3 TERMINI 33
        Ci sono due termini che sono elevati alla seconda? 33
        C'è solo un termine elevato alla seconda ed il trinomio è completo? 34
            Se il termine di grado massimo ha coefficiente numerico uguale a 1 34
            Se il termine di grado massimo ha coefficiente numerico DIVERSO da 1 _ 35
    4 TERMINI 36
        Ci sono due termini elevati al CUBO? 36
        RACCOGLIMENTO PARZIALE 37
    5 TERMINI (ESERCIZI AVANZATI) 38
    6 TERMINI 39
        Ci sono tre termini che sono elevati al quadrato? 39

- RUFFINI 41
- ORDINE da SEGUIRE 44
- MASSIMO COMUN DIVISORE E MINIMO COMUNE MULTIPLO 45

Le Frazioni Algebriche **46**
- REGOLE DEL CALCOLO DEL C.E. 47
- SEMPLIFICAZIONE 49
- SOMMA ALGEBRICA 52
- MOLTIPLICAZIONE 54
- DIVISIONE 55
- ELEVAMENTO A POTENZA 56

Le Equazioni di Primo Grado **57**
- EQUAZIONI DI PRIMO GRADO INTERE 59
- EQUAZIONI DI GRADO SUPERIORE AL PRIMO RICONDUCIBILI AL PRIMO 61
- EQUAZIONI FRATTE 62

Le Disequazioni di Primo Grado **64**
- DISEQUAZIONI DI PRIMO GRADO INTERE 66
- EQUAZIONI DI GRADO SUPERIORE AL PRIMO RICONDUCIBILI AL PRIMO 69
- DISEQUAZIONI FRATTE 71

CONCLUSIONI e RINGRAZIAMENTI **74**

GLOSSARIO di BASE

Qui trovate una carrellata di segni e termini che vengono utilizzati durante la trattazione del libro. Considerate questa pagina come un dizionario... se avete problemi con i termini, qui troverete la risposta:

- $+ \rightarrow$ PIÙ, SOMMA, ADDIZIONE
- $- \rightarrow$ MENO, DIFFERENZA, SOTTRAZIONE
- $\cdot \rightarrow$ PER, PRODOTTO, MOLTIPLICAZIONE
- $: \rightarrow$ DIVISO o FRAZIONE

- $\dfrac{NUMERATORE}{DENOMINATORE} \rightarrow$ FRAZIONE, RAPPORTO
- $NUMERATORE \rightarrow$ la parte SOPRA la linea di frazione
- $DENOMINATORE \rightarrow$ la parte SOTTO la linea di frazione

- $CONCORDI \rightarrow$ quantità che hanno lo stesso segno
- $DISCORDI \rightarrow$ quantità che hanno segno diverso tra di loro

- $POTENZA\ o\ ELEVATO\ A \rightarrow$ MOLTIPLICARE per se stesso un numero tante volte quante sono le cifre dell'esponente
- $BASE \rightarrow$ la parte di una potenza che sta in linea con l'espressione, che dovrà essere moltiplicata per se stessa tante volte quante sono le cifre dell'esponente
- $ESPONENTE \rightarrow$ parte più in alto della potenza, dice quante volte moltiplicare la base per se stessa

RIPASSO: Proprietà delle Potenze

Le proprietà delle potenze sono proprietà che permettono di svolgere i calcoli in maniera più semplice e senza calcolatrice. Si impiegano quando hai delle moltiplicazioni o delle divisioni tra le potenze.

Es.
$5^2 * 5^6$ —> posso applicare le proprietà delle potenze perché ho una **moltiplicazione**.
$7^4 - 7^{12}$ —> NON Posso applicare le proprietà delle potenze perché ho una sottrazione.

Ci sono 5 proprietà delle potenze:

1. La **moltiplicazione** tra due o più potenze con la **stessa base** è una potenza che ha per base la stessa base e per esponente la **somma degli esponenti**.
   > Es.
   > $5^2 * 5^6 = 5^{2+6} = 5^8$
   > $5^4 * 7^3 \rightarrow$ non posso applicare la proprietà perché hanno le basi diverse.

2. La **divisione** tra due o più potenze con la **stessa base** è una potenza che ha per base la stessa base e per esponente la **differenza degli esponenti**.
   > Es.
   > $5^2 : 5^6 = 5^{2-6} = 5^{-4}$
   > $5^2 : 12^5 \rightarrow$ non posso applicare la proprietà perché hanno basi diverse.

3. La **potenza di una potenza** è una potenza che ha per base la stessa base e per esponente la **moltiplicazione tra gli esponenti**.
   > Es.
   > $(5^2)^6 = 5^{2*6} = 5^{12}$

4. La **moltiplicazione** tra due o più potenze con **ugual esponente** è una potenza che ha per esponente lo stesso esponente e per base la **moltiplicazione delle basi**.
   > Es.
   > $5^2 * 7^2 = (5*7)^2 = 35^2$
   > $5^2 * 12^5 \rightarrow$ non posso applicare la proprietà perché hanno esponenti diversi.

5. La **divisione** tra due o più potenze con **ugual esponente** è una potenza che ha per esponente lo stesso esponente e per base la **divisione delle basi**.
   > Es.
   > $5^2 : 7^2 = (5:7)^2 = \left(\dfrac{5}{7}\right)^2$
   > $5^2 : 12^5 \rightarrow$ non posso applicare la proprietà perché hanno esponenti diversi.

I Numeri Relativi

Iniziamo la trattazione di questo libro parlando dei **numeri relativi** cioè numeri, con o senza virgola (ricordiamo che le frazioni sono in realtà numeri con la virgola), che sono preceduti da un segno positivo (+), che può anche essere omesso, cioè non scritto, o un segno negativo (-), che deve sempre essere scritto.

Esempio:

$$7 \quad +14 \quad -4 \quad -\frac{3}{4} \quad 0,14$$

Ogni numero è quindi preceduto dal **SEGNO** (+ o - che sia), e dal numero stesso. Si parla solitamente di **VALORE ASSOLUTO**, detto anche **MODULO**, quando non scriviamo il segno del numero relativo stesso e ci concentriamo solo sul numero. Esso è rappresentato da due stanghette verticali con al centro il numero stesso:

Esempio:

$|-7| = 7$ → *ho tolto il segno meno dal 7 e ho scritto il numero senza il segno*
$\left|+\frac{5}{2}\right| = \frac{5}{2}$ → *ho tolto il segno + della frazione e ho scritto la frazione senza il segno*

Due numeri relativi si dicono **OPPOSTI** (o CONTRARI) se hanno lo stesso valore assoluto ma segno opposto (uno + e l'altro -)

Esempio:

$+5 \, e -5$ → *hanno stesso valore assoluto (5) ma segno contrario*

Se due numeri relativi hanno invece solo il segno opposto (uno + ed uno -), allora si dicono **DISCORDI** altrimenti se hanno lo stesso segno (tutti e due +, o tutti e due -) allora si dicono **CONCORDI**

Esempio:

$+5 \, e +14$ → *sono CONCORDI*
$-13 \, e -6$ → *sono CONCORDI*
$+12 \, e -7$ → *sono DISCORDI*

SOMMA ALGEBRICA

Quando si parla di **somma algebrica** si intende la possibilità di addizionare o sottrarre numeri relativi.
Perché questo? Come vedremo sottrarre numeri relativi è uguale a sommare un numero positivo con un numero negativo.

RICORDA: in caso di frazioni è **obbligatorio** fare il **m.c.m** (minimo comune multiplo) tra i vari DENOMINATORI (i numeri che stanno sotto le frazioni) presenti nell'espressione. Eventuali numeri dove non è presente il denominatore, esso è automaticamente 1.

Esempio:

$$-6 = -\frac{6}{1}$$

Come si fa a fare il **m.c.m.**?
Si prende il denominatore più grande, si esegue la tabellina e per ogni valore (partendo dal numero stesso) si guarda se è divisibile per gli altri denominatori.

Esempio:

Calcola il m.c.m tra: $5, 2, 6$

Prendo in numero più grande 6, e faccio la tabellina valutando se gli altri due dividono i risultati:
6 → divisibile per 2 ma non per 5
12 → divisibile per 2 ma non per 5
18 → divisibile per 2 ma non per 5
24 → divisibile per 2 ma non per 5
30 → divisibile sia per 2 che per 5

Il m.c.m. è 30

Una volta fatto questo si valutano le frazioni iniziali una per volta, moltiplicando ogni numeratore dell'esercizio per il risultato della divisione tra l'm.c.m e il denominatore della frazione considerata.
Riscrivo il tutto con un'unica linea di frazione:
- al DENOMINATORE metto il m.c.m.
- al NUMERATORE inserisco i risultati ottenuti

Esempio:

$$\frac{3}{8} - \frac{1}{10}$$

Trovo il m.c.m. tra 8 e 10 secondo il metodo visto prima: **40**

Valuto i numeratori concentrandomi su una frazione per volta eseguendo i seguenti passaggi:
- *Divido il 40 (m.c.m.) per il primo denominatore = 40 : 8 = 5*
- *Moltiplico il risultato (5) per il numeratore = 5 * 3 = **15***

Faccio la stessa cosa per la seconda frazione:
- *Divido il 40 (m.c.m.) per il secondo denominatore = 40 : 10 = 4*
- *Moltiplico il risultato (4) per il numeratore = 4 * 1 = **4***

Riscrivo con un'unica frazione:

$$\frac{15 - 4}{40}$$

Per effettuare la somma algebrica seguo i seguenti passaggi:
- separo i termini positivi dai termini negativi
- faccio l'ADDIZIONE di tutti i termini positivi e di tutti i termini negativi in maniera separata
- guardo il risultato che ha il valore assoluto maggiore:
    - se è tra quelli POSITIVI: il risultato avrà segno +
    - se è tra quelli NEGATIVI: il risultato avrà segno -
- eseguo la differenza tra il risultato più grande e il risultato più piccolo
- scrivo il segno trovato, seguito dalla differenza

ATTENZIONE: se è presente un MENO prima di una parentesi tonda, cambio tutti i segni degli elementi interni alla tonda, prima di eseguire la somma algebrica. Se è presente un +, tolgo sia il + che la tonda e copio i numeri presenti all'interno, comprensivi dei loro segni.

Esempio:

$$\frac{5}{6} + \frac{1}{2} - \frac{7}{3} - \frac{3}{4}$$

Calcolo il m.c.m dei denominatori: 12
Valuto i numeratori e scrivo la frazione unica (vedi passaggi precedenti per i calcoli)

$$\frac{10 + 6 - 28 - 9}{12}$$

Mi concentro sui numeratori, e li divido in positivi e negativi:
- *POSITIVI: +10; +6*
- *NEGATIVI: -28; -9*

Addiziono separatamente, senza considerare il segno:
- *POSITIVI: 16*
- *NEGATIVI: 37*

Il numero maggiore è 37, quindi vuol dire che il segno del risultato sarà un MENO

Faccio la sottrazione tra il più grande ed il più piccolo: 37 - 16 = 21

Scrivo il risultato considerando il segno, il numeratore ed il denominatore calcolati:

$$-\frac{21}{12}$$

La frazione si può semplificare (cioè dividere sia il numeratore che il denominatore per uno stesso valore) per 3:

$$-\frac{7}{4}$$

MOLTIPLICAZIONE

La **moltiplicazione** tra numeri relativi avviene esattamente come una moltiplicazione normale, perciò i numeri in modulo dovranno essere moltiplicati insieme e, nel caso di frazioni, è possibile effettuare la semplificazione incrociata e/o sopra con sotto della stessa frazione, prima di moltiplicare i numeratori tra di loro e poi i denominatori tra di loro.

C'è però la necessità di valutare il segno della moltiplicazione, per questo è necessario considerare questa regola:
- se i due fattori sono CONCORDI (stesso segno, quindi entrambi + o entrambi -), allora il risultato della moltiplicazione è POSITIVO. Per intenderci:
    - $+ \cdot + = +$
    - $- \cdot - = +$
- se i due fattori sono DISCORDI (segno opposto, uno + e l'altro -), allora il risultato della moltiplicazione sarà NEGATIVO. Per intenderci:
    - $+ \cdot - = -$
    - $- \cdot + = -$

RICORDA: per evitare errori, prima valuta il segno della moltiplicazione, scrivilo sul foglio, e poi fai la moltiplicazione tra i moduli.

Esempio:

$$\left(\frac{12}{5}\right) \cdot \left(-\frac{25}{3}\right)$$

Prima valuto il segno: $+ \cdot - = -$ *quindi il risultato sarà NEGATIVO*

Effettuo eventuali semplificazioni incrociate prima di eseguire la moltiplicazione tra i numeratori e tra i denominatori:

$$\left(\frac{\cancel{12}^{4}}{\cancel{5}_{1}}\right) \cdot \left(-\frac{\cancel{25}^{5}}{\cancel{3}_{1}}\right)$$

Eseguo quindi la moltiplicazione e scrivo il segno corretto:

$$-\frac{4 \cdot 5}{1 \cdot 1} = -\frac{20}{1} = -20$$

DIVISIONE

La **divisione** tra numeri relativi è invece molto semplice in quanto è sufficiente invertire il numeratore ed il denominatore del DIVISORE (cioè il secondo membro della divisione), ovvero fare il **RECIPROCO**, detto anche **INVERSO** e trasformare la divisione in moltiplicazione. Successivamente è necessario seguire le regole della moltiplicazione viste precedentemente (compresa la valutazione dei segni).

RICORDA: se esistono numeri non frazionari, il denominatore è 1 (vedi inizio del capitolo).

Esempio:

$$\left(-\frac{1}{6}\right) : \left(-\frac{2}{3}\right)$$

Eseguo l'inverso del DIVISORE e cambio la divisione in moltiplicazione:

$$\left(-\frac{1}{6}\right) \cdot \left(-\frac{3}{2}\right)$$

Seguo quindi le regole della moltiplicazione:
- *valuto i segni:* $- \cdot - = +$ quindi il risultato sarà POSITIVO
- *Effettuo eventuali semplificazioni incrociate prima di eseguire la moltiplicazione tra i numeratori e tra i denominatori:*

$$\left(-\frac{1}{\cancel{6}_2}\right) \cdot \left(-\frac{\cancel{3}}{2}\right)$$

- *Eseguo quindi la moltiplicazione e scrivo il segno corretto:*

$$+\frac{1 \cdot 1}{2 \cdot 2} = +\frac{1}{4}$$

ELEVAMENTO A POTENZA

Elevare a potenza un numero relativo significa moltiplicare il numero per se stesso tante volte quanto è il valore dell'esponente. Ricordiamo che l'elevamento a potenza ha la seguente forma:

$$base^{esponente}$$

Consideriamo l'esponente:
- se è POSITIVO, è necessario moltiplicare la base per se stessa tante volte quanto è il valore dell'esponente:
  - se è PARI, il risultato che si ottiene sarà POSITIVO
  - se è DISPARI, il risultato che si ottiene manterrà il segno della base, se la base è positiva il risultato sarà POSITIVO, se la base è negativa, il risultato è NEGATIVO
- se è NEGATIVO, è necessario prima di tutto effettuare l'inversione del numeratore con il denominatore della base, trasformando così l'esponente in POSITIVO. Una volta fatto questo passaggio si seguono le regole dell'esponente POSITIVO.

RICORDA:
- qualunque quantità elevata a ZERO fa sempre 1!
- nel caso la base fosse una frazione, l'esponente viene distribuito sia al numeratore che al denominatore (PROPRIETÀ DISTRIBUTIVA)
- valgono sempre le PROPRIETÀ DELLE POTENZE (vedi ripasso iniziale) in caso di moltiplicazioni e divisioni tra potenze.

ATTENZIONE: ai segni, errore comune e non considerare mai se l'esponente è pari o dispari!

Esempi:

$$\left(-\frac{4}{5}\right)^3$$

L'esponente è dispari quindi il risultato manterrà il segno della base, distribuisco l'elevato sia al numeratore che al denominatore:

$$-\frac{4^3}{5^3} = -\frac{64}{125}$$

$$(-2)^2$$

L'esponente è PARI quindi il risultato sarà positivo: $+4$

I Monomi

I **monomi** sono un prodotto (moltiplicazione) tra più quantità, quantità che possono essere numeri e/o lettere.

Es.

$5x^2y \rightarrow$ è un monomio
$-10a^4bx^{12} \rightarrow$ è un monomio

Prendiamo per esempio il seguente monomio:

$$-14x^2q^3$$

Di questo monomio distinguiamo:
- un coefficiente numerico
- una parte letterale

Di un monomio è possibile calcolare il **grado**:
- ☐ del monomio → somma degli esponenti della parte letterale (in questo caso il monomio ha grado 5 perché la x ha esponente 2 e la q ha esponente 3)
- ☐ del monomio rispetto ad una lettera → vado a considerare l'esponente della lettera, quindi nel nostro caso il monomio è di secondo grado secondo la lettera x ed è di terzo grado secondo la lettera q

SOMMA ALGEBRICA

Se ho due o più monomi posso effettuare la **SOMMA ALGEBRICA** (cioè fare la + e/o la - del coefficiente numerico) SOLO se hanno la stessa parte letterale, cioè i monomi sono **simili**.

Es.
$5x^2 + 10x^2 = (5+10)x^2 = 15x^2$
$23x^4 - 30x^4 = (23 - 30)x^4 = -7x^4$

$2x^5 + 3y^2 \rightarrow$ non posso sommare perché i due monomi NON sono simili, cioè non hanno la stessa parte letterale
$2x^5 - 7x \rightarrow$ non posso sommare perché i due monomi NON sono simili, cioè non hanno la stessa parte letterale

Cosa succede se ho le frazioni?
Se ho le frazioni devono fare il **minimo comune multiplo (m.c.m.)** tra i denominatori (DENOMINATORE COMUNE)

Esempi:

$$\frac{1}{2}x^3 - \frac{5}{3}x^3 = \frac{3-10}{6}x^3 = -\frac{7}{6}x^3$$

RICORDA: $-\frac{7}{6}x^3 = \frac{-7}{6}x^3 = \frac{7}{-6}x^3$

$$\frac{2}{3}ax - \frac{1}{2}ax + \frac{3}{4}ax - \frac{5}{6}ax =$$

Avendo tutti la stessa parte letterale, calcolo il DENOMINATORE COMUNE (**m.c.m**)

$$= \frac{8-6+9-10}{12}ax =$$

$$= \frac{1}{12}ax$$

$$(3az^2) - (-az^2) + (-az^2) =$$

Avendo tutti la stessa parte letterale, posso fare la somma.
RICORDA: i meno davanti ad una parentesi fanno cambiare TUTTI i segni di ciò che sta dentro la parentesi

$$= 3az^2 + az^2 - az^2 =$$
$$= 3az^2$$

$$2xy^2 + (-3xy^2) - \left(+\frac{3}{4}xy^3\right) - \left(-\frac{1}{2}xy^3\right) + \left(-\frac{2}{5}xy^2\right) =$$

Tolgo le parentesi valutando il meno prima delle parentesi

$$= 2xy^2 - 3xy^2 - \frac{3}{4}xy^3 + \frac{1}{2}xy^3 - \frac{2}{5}xy^2 =$$

Considero i monomi con la stessa parte letterale e faccio il calcolo

$$= \frac{10-15-2}{5}xy^2 + \frac{-3+2}{4}xy^3 =$$

$$= \frac{-7}{5}xy^2 + \frac{-1}{4}xy^3 =$$

$$= -\frac{7}{5}xy^2 - \frac{1}{4}xy^3$$

MOLTIPLICAZIONE

Tra due o più monomi è possibile effettuare la **MOLTIPLICAZIONE** anche se i monomi <u>non</u> sono simili.

Come si fa la moltiplicazione?
È possibile, in caso di moltiplicazione tra frazioni semplificare in modo incrociato, successivamente è necessario moltiplicare il numeratore con il numeratore e il denominatore con il denominatore.

RICORDA: $2x^3 = \dfrac{2}{1}x^3$

Per quanto riguarda la parte letterale, delle lettere uguali va fatta la **SOMMA** degli esponenti applicando così la prima proprietà delle potenze.

Vale sempre la regola dei segni, quindi:
- $- \cdot - = +$
- $+ \cdot + = +$
- $- \cdot + = -$
- $+ \cdot - = -$

Esempi:

$2x^3 \cdot 5xy^4 =$
$= (2 \cdot 5)x^{3+1}y^4 = 10x^4y^4$

$\dfrac{\cancel{3}}{\cancel{4}}a^4b \cdot \dfrac{\cancel{16}}{\cancel{6}}xb^2 =$
$\dfrac{1}{1}a^4b \cdot \dfrac{4}{2}xb^2 = \dfrac{4}{2}a^4xb^3 = 2a^4xb^3$

DIVISIONE

Per eseguire la **divisione** tra due o più monomi, è necessario capovolgere il numeratore (il valore che sta sopra) con il denominatore (il valore che sta sotto) del DIVISORE (il secondo membro della divisione) e trasformare la divisione in moltiplicazione.

RICORDA: gli esponenti delle lettere dovranno cambiare di segno (quindi da + diventeranno -, da - diventeranno +).

Valgono successivamente tutte le regole della moltiplicazione.

Esempi:

$6a^3b^2 : 5ab^3 =$

capovolgo il DIVISORE (il secondo membro), cambio la divisione in moltiplicazione e cambio segno agli esponenti delle lettere.

$= 6a^3b^2 \cdot \left(\frac{1}{5}a^{-1}b^{-3}\right) =$

$= +\frac{6}{5}a^2b^{-1} =$

$= \frac{6a^2}{5b}$

$(-15a^3b) : (+5ab) =$

$= (-15a^3b) \cdot \left(+\frac{1}{5}a^{-1}b^{-1}\right) =$

$= -3a^2$

ELEVAMENTO A POTENZA

La **potenza di un monomio** si ottiene elevando a potenza (in base all'esponente) il coefficiente numerico, mentre per la parte letterale è necessario moltiplicare gli esponenti di ogni singola lettera con l'esponente più esterno, applicando la terza regola delle potenze.

RICORDA: se l'esponente esterno è PARI, allora il risultato sarà SEMPRE +.
Se è dispari invece mantieni lo stesso segno della base.
Qualsiasi cosa (numero, monomio, polinomio, ...) elevata a 0 (zero) fa sempre 1.

Esempi:

$$\left(-\frac{1}{3}abx^2\right)^2 = +\frac{1}{9}a^2b^2x^4$$

$$\left(-\frac{1}{4}avx^3y^2\right)^3 = -\frac{1}{64}a^3v^3x^9y^6$$

I Polinomi

Un **polinomio** è la somma algebrica (sia addizione che sottrazione) di due o più monomi, questi ultimi prendono il nome di **termini del polinomio**. Il termine numerico cioè senza parte letterale prende il nome di **termine noto**.

Esempi:
$2x^2 - 3x^4 + 4$
▇ → *termini*
▇ → *termine noto*

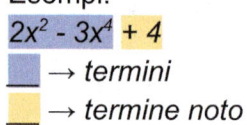

Si dice che un polinomio è **ridotto in forma normale** se non contiene termini simili (cioè monomi con la stessa parte letterale).

A seconda di quanti termini ci sono in un polinomio distinguiamo:
- **binomio**: polinomio con 2 termini
- **trinomio**: polinomio con 3 termini
- **quadrinomio**: polinomio con 4 termini

È possibile, come per i monomi, il **grado di un polinomio** che è il **massimo** dei gradi dei monomi. (Quindi mi calcolo i gradi di ogni termine del polinomio, quello di grado massimo mi da il grado del polinomio)

Es.
$5xy^5 - 3x^4z^5$ → *polinomio di NONO grado perché il primo termine ha grado 6, il secondo monomio ha grado 9*

Un polinomio si dice **ordinato** secondo le potenze <u>decrescenti</u> di una lettera se i suoi termini sono disposti in modo che il grado di ciascuno, rispetto a quella lettera, non superi il grado del precedente.

Es.
$5xy^5 - 3x^4z^5$ → *non è ordinato secondo la lettera x in quanto il primo termine ha la x elevata alla prima, il secondo termine ha la x elevata alla quarta*
Se lo volessi ordinare secondo le x: $-3x^4z^5 + 5xy^5$

Un polinomio si dice **omogeneo** se i suoi termini sono tutti dello stesso grado

Es.
$5x^5 - 12ab^4$ → *entrambi i termini sono di quinto grado quindi il polinomio è omogeneo.*

Un polinomio si dice **completo** rispetto ad una lettera, se in esso compaiono tutte le potenze inferiori a quella di grado massimo relativo a quella lettera.

Es. $2x^2 - 5x + 7$ → ordinato, completo

SOMMA ALGEBRICA

La somma algebrica (cioè la somma e la sottrazione) di due o più polinomi si ottiene semplicemente sommando i termini simili tra di loro.

RICORDA: se davanti ad una tonda compare il meno devo cambiare di segno a tutti i termini presenti dentro la tonda.

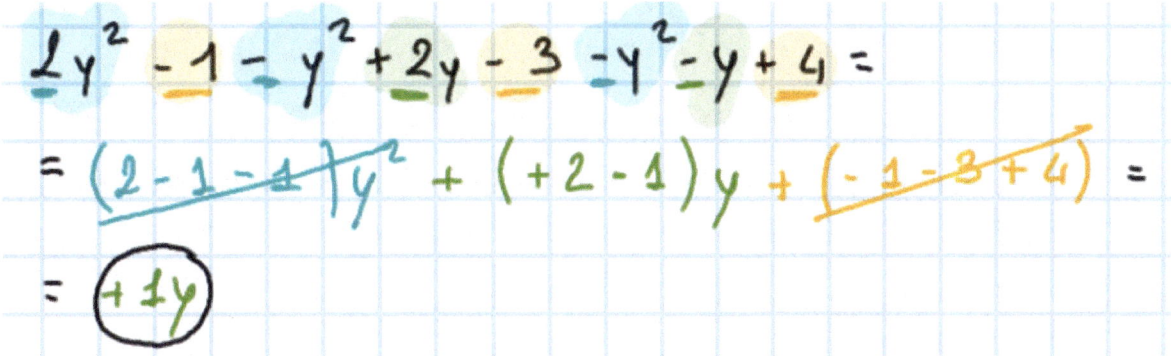

MOLTIPLICAZIONE

Se la moltiplicazione coinvolge **un monomio per un polinomio**, il monomio moltiplica tutti i termini del polinomio.

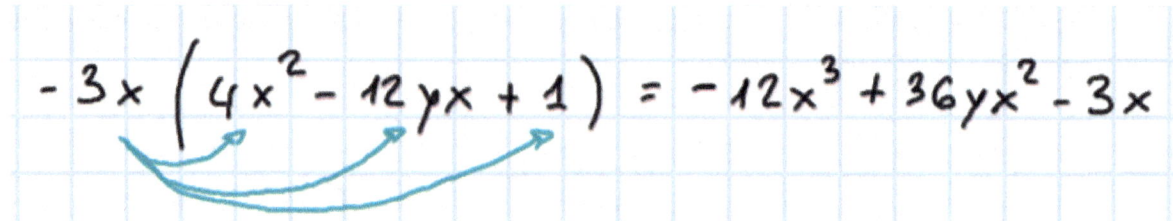

$$-3x(4x^2 - 12yx + 1) = -12x^3 + 36yx^2 - 3x$$

Se la moltiplicazione coinvolge **due polinomi**, è necessario moltiplicare ogni termine del primo polinomio con tutti i termini del secondo polinomio.

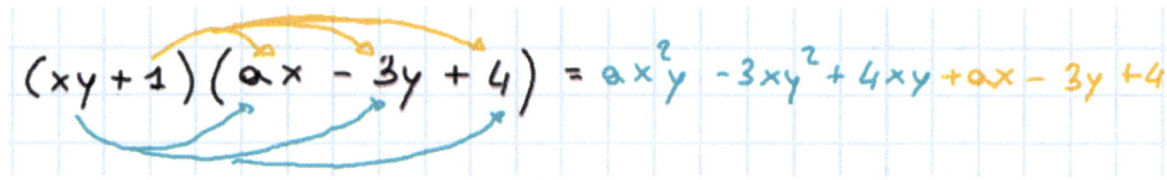

$$(xy + 1)(ax - 3y + 4) = ax^2y - 3xy^2 + 4xy + ax - 3y + 4$$

RICORDA:
- fare le somme dei monomi simili se esistono
- se si hanno più moltiplicazioni a *cascata* iniziare dai due fattori più a destra e scrivere il risultato tra parentesi
- se si ha un meno davanti alla parentesi, prima fare la moltiplicazione scrivendo:
  - (risultato moltiplicazione)

PRODOTTI NOTEVOLI

Come dice il titolo di questo capitolo, per "PRODOTTI NOTEVOLI" si intendono MOLTIPLICAZIONI che sono molto frequenti nelle espressioni matematiche, ragion per cui sono state dedotte alcune regole che permettono di arrivare al risultato in maniera più veloce.

Esistono *4 prodotti notevoli* con ognuno delle regole tutte sue, da imparare a memoria e applicarle.

QUADRATO DI UN BINOMIO

È della forma:
- Parentesi tonda
- Due termini
- Chiusa tonda alla seconda

$$(a+b)^2 = (a+b)(a+b) = a^2 + ab + ba + b^2 = a^2 + 2ab + b^2$$

Il prodotto notevole ci permette, applicando le regole, di partire da $(a+b)^2$ e di arrivare direttamente al risultato $a^2 + 2ab + b^2$, come?
- Prendo il primo termine del binomio e lo elevo alla seconda → il primo termine è a, elevato alla seconda diventa → a^2
- Prendo il primo termine (a) lo MOLTIPLICO per il secondo termine (b) e moltiplico il risultato per 2 → a*b*2 = +2ab
- Prendo il secondo termine (b) e lo elevo alla seconda → b^2
Metto insieme tutti e tre i risultati $a^2 + 2ab + b^2$

RICORDA che qualunque numero elevato alla seconda sarà sempre positivo.

Es.
$$(3 - 2a^2)^2$$
- Prendo il primo termine del binomio e lo elevo alla seconda → il primo termine è 3, elevato alla seconda diventa → 9
- Prendo il primo termine (3) lo MOLTIPLICO per il secondo termine ($-2a^2$) e moltiplico il risultato per 2 → 3*($-2a^2$)*2 = $-12a^2$
- Prendo il secondo termine ($-2a^2$) e lo elevo alla seconda → $+4a^4$
- Metto insieme tutti e tre i risultati $9 - 12a^2 + 4a^4$

CUBO DI UN BINOMIO

È della forma:

$(a+b)^3 = (a+b)(a+b)(a+b)$ questa moltiplicazione è lunga da risolvere.

Il prodotto notevole semplifica il calcolo con delle regole ben precise. Queste regole ho deciso di ridurle in una tabella perché permette di sintetizzare e di risolvere il polinomio in maniera SEMPRE corretta (ricorda di risolvere prima le operazioni presenti nelle colonne):

Coefficienti	Primo Termine (esp. decrescenti)	Secondo Termine (esp. crescenti)	Risultati (moltiplicazione)
1	$(a)^3 = a^3$	$(+b)^0 = 1$	a^3
3	$(a)^2 = a^2$	$(+b)^1 = b$	$+3a^2b$
3	$(a)^1 = a$	$(+b)^2 = b^2$	$+3ab^2$
1	$(a)^0 = 1$	$(+b)^3 = b^3$	$+b^3$

Metto insieme tutti i risultati e ottengo: $a^3 + 3a^2b + 3ab^2 + b^3$

Esempio:
$(2x - 3y)^3$

Coefficienti	Primo Termine (esp. decrescenti)	Secondo Termine (esp. crescenti)	Risultati (moltiplicazioni)
1	$(2x)^3 = 8x^3$	-	$8x^3$
3	$(2x)^2 = 4x^2$	$(-3y)^1 = -3y$	$-36x^2y$
3	$(2x)^1 = 2x$	$(-3y)^2 = 9y^2$	$+54xy^2$
1	-	$(-3y)^3 = -27y^3$	$-27y^3$

Metto insieme tutti i risultati e ottengo: $8x^3 - 36x^2y + 54xy^2 - 27y^3$

TRIANGOLO DI TARTAGLIA

Cosa succede se ho un BINOMIO, quindi due termini, all'interno di una parentesi ed entrambi sono elevati con un esponente superiore al 3?

In questo caso utilizziamo quello che è comunemente chiamato **TRIANGOLO DI TARTAGLIA**. Questo triangolo, di facile costruzione, permette di trovare i coefficienti (per intenderci gli elementi che ho scritto nella prima colonna delle tabelle a pagina precedente), per effettuare gli elevati di un binomio. Come vedremo, nella riga 3 e 4 troviamo i coefficienti che ci sono nel quadrato e nel cubo di un binomio, rispettivamente.

Esponenti del Binomio	TRIANGOLO di TARTAGLIA
0	1
1	1 1
2	0 1 2 1 0
3	1 3 3 1
4	1 4 6 4 1
5	1 5 10 10 5 1
6	1 6 1
...	

Ogni elemento di una riga è dato dagli elementi subito sopra, sommati assieme.
Prendiamo ad esempio la riga sottolineata, per trovare 1, 3, 3, 1 ho sommato gli adiacenti ai numeri della riga precedente "Esponenti del Binomio: 2":
- 1 è dato dallo 0 scritto in grigetto della riga prima (colonna 3) + l'1 della riga prima (colonna 5)
- 3 è dato dall'1 della riga prima (colonna 5) + il 2 della riga prima (colonna 7)
- 3 è dato dal 2 della riga prima (colonna 7) + l'1 della riga prima (colonna 9)
- 1 è dato dall'1 della riga prima (colonna 9) + 0 della riga prima (colonna 11)

Così via con le altre righe che possono svilupparsi in basso all'infinito.

Nella trattazione degli esercizi, se viene richiesto specificamente il Triangolo di Tartaglia allora è possibile arrivare anche ad esponenti come 6, 7 o più alti, mentre nelle espressioni solitamente ci si ferma al 4 o al 5 massimo in quanto il calcolo risulta essere abbastanza lungo.

Come avviene però il calcolo?
Si utilizza la tabella vista a pagina precedente per il calcolo del binomio elevato.

Esempio:

$$(2x - y)^5$$

Prendo i coefficienti del triangolo di tartaglia, il cui esponente del binomio è 5

Coefficienti	Primo Termine (esp. decrescenti)	Secondo Termine (esp. crescenti)	Risultati (moltiplicazioni)
1	$(2x)^5 = 32x^5$	$(-y)^0 = 1$	$32x^5$
5	$(2x)^4 = 16x^4$	$(-y)^1 = -y$	$-80x^4y$
10	$(2x)^3 = 8x^3$	$(-y)^2 = y^2$	$80x^3y^2$
10	$(2x)^2 = 4x^2$	$(-y)^3 = -y^3$	$-40x^2y^3$
5	$(2x)^1 = 2x$	$(-y)^4 = y^4$	$10xy^4$
1	$(2x)^0 = 1$	$(-y)^5 = -y^5$	$-y^5$

Metto insieme tutti i risultati e ottengo:
$$32x^5 - 80x^4y + 80x^3y^2 - 40x^2y^3 + 10xy^4 - y^5$$

QUADRATO DI UN TRINOMIO

È nella forma:
$$(a+b+c)^2$$

Per risolvere questo prodotto notevole è necessario applicare le seguenti regole:
- Prendo il primo elemento (a) e lo elevo alla seconda → a^2
- Prendo il secondo elemento (b) e lo elevo alla seconda → b^2
- Prendo il terzo elemento (c) e lo elevo alla seconda → c^2
- Il primo elemento (a), lo moltiplico per il secondo elemento (b), moltiplico il risultato per due → a * b * 2 = 2ab
- Il primo elemento (a), lo moltiplico per il terzo elemento (c), moltiplico il risultato per due → a * c * 2 = 2ac
- Il secondo elemento (b), lo moltiplico per il terzo elemento (c), moltiplico il risultato per due → b * c * 2 = 2bc

Metto in riga tutti i risultati: $a^2 + b^2 + c^2 + 2ab + 2ac + 2bc$

Fare attenzione ai segni nel quarto, quinto e sesto passaggio!
Ricordati che elevando alla seconda ottieni sempre un numero positivo!

Esempio:
$$(3a - 2b - c)^2$$

Per risolvere questo prodotto notevole è necessario applicare le seguenti regole:
- *Prendo il primo elemento (3a) e lo elevo alla seconda → $9a^2$*
- *Prendo il secondo elemento (-2b) e lo elevo alla seconda → $+4b^2$*
- *Prendo il terzo elemento (-c) e lo elevo alla seconda → $+c^2$*
- *Il primo elemento (3a), lo moltiplico per il secondo elemento (-2b), moltiplico il risultato per due → 3a * (-2b) * 2 = -12ab*
- *Il primo elemento (3a), lo moltiplico per il terzo elemento (-c), moltiplico il risultato per due → 3a * (-c) * 2 = -6ac*
- *Il secondo elemento (-2b), lo moltiplico per il terzo elemento (-c), moltiplico il risultato per due → (-2b) * (-c) * 2 = +4bc*

Metto in riga tutti i risultati: $9a^2 + 4b^2 + c^2 - 12ab - 6ac + 4bc$

SOMMA PER DIFFERENZA

È della forma:
$(a+b)(a-b)$

Riconosco questo prodotto notevole in quanto dentro le parentesi ho gli stessi monomi (in valore assoluto), ma una parentesi è tutta +, mentre l'altra parentesi è un termine positivo ed uno negativo.

Es.
$(3+2a)(3-2a)$
$(4-5b)(4+5b)$
$(-2a-4)(2a-4) = -(2a+4)(2a-4)$
$(5+3x)(-5+3x) = (3x+5)(3x-5)$

$(a+b)(a-b)$
Per risolvere questo prodotto notevole, applico le seguenti regole:
- Prendo il primo elemento di una delle due parentesi (a) e lo elevo alla seconda → a²
- Metto un segno meno
- Prendo il secondo elemento di una delle due parentesi (b) e lo elevo alla seconda → b²
Metto tutto in riga: $a^2 - b^2$

Le Scomposizioni

Le scomposizioni sono un insieme di regole che permettono di trasformare un polinomio, che, come abbiamo visto è una somma algebrica di monomi, nel prodotto di fattori i quali hanno il grado più basso possibile (si cerca di arrivare ad avere fattori di grado 1, se è possibile).

Queste regole hanno un ordine che deve rispettato (quello previsto da questo capitolo).

RACCOGLIMENTO A FATTOR COMUNE

Se **tutti** i termini del polinomio hanno una lettera in comune, considero la lettera con esponente più basso presente nel polinomio, mentre per i coefficienti eseguo il MASSIMO COMUN DIVISORE tra tutti i coefficienti (quel numero più alto possibile che divide tutti e tre i coefficienti).
1. Scrivo quindi il numero e la lettera scelta
2. Apro una parentesi tonda
3. Divido ogni termine del polinomio iniziale per il numero e la lettera scelta
4. Chiudo la parentesi tonda

RICORDA: dentro la tonda deve esserci lo stesso numero di termini che avevi inizialmente, se inizialmente ho un polinomio con 5 termini, dentro la tonda devo avere 5 termini).

Se ci sono parentesi in comune, puoi raccogliere l'intera parentesi!

Esempi:

$9x^2y - 12x^3 + 15y^4x^8$
Scelgo la lettera comune a tutti i termini, con esponente MINORE: x^2
Scelgo il MCD tra i coefficienti: 3
$3x^2(3y - 4x + 5y^4x^6)$

$a(x-3) + c(x-3)$
Nel polinomio c'è la parentesi (x-3) in comunque quindi raccolgo l'intera parentesi
$(x-3)(a+c)$

Una volta fatta la scomposizione a fattore comune considero le tonde una ad una e guardo se posso fare delle somme. Se non posso più fare nulla allora conto quanti termini ci sono nelle tonde.

2 TERMINI

Se ho due termini posso avere due casi

> **I due termini sono entrambi elevati alla seconda e sono discordi?**
>
> Applico la regola di **SOMMA PER DIFFERENZA**.
>
> Sotto i termini elevati al quadrato faccio una freccia e scrivo i termini NON elevati alla seconda (vedi esempio) controllo se sono discordi e poi scrivo:
>
> *(primo_term + secondo_term)(primo_term - secondo_term)*
>
> Es.:
> $4x^4 - 25$
> Non posso raccogliere totalmente quindi conto quanti elementi ho: 2 termini.
> Guardo se sono elevati alla seconda
> $4x^4 - 25$ → sono discordi perché $+4x^4$ e ho un -25
> $2x^2 \quad 5$
> quindi scriverò: $(2x^2 + 5)(2x^2 - 5)$

Esempi:

$+x^2 \ominus y^2 \quad \to \quad (x-y)(x+y)$
$\quad \downarrow \quad \downarrow$
$\quad x \quad\; y$

$+49x^4 \ominus 16y^2 \quad \to \quad (7x^2 + 4y)(7x^2 - 4y)$
$\quad\;\; \downarrow \quad\;\; \downarrow$
$\quad\; 7x^2 \quad 4y$

I due termini sono elevati alla terza?

Applico la regola **SOMMA/DIFFERENZA tra due CUBI**.

In questo caso la regola impone:
- Sotto i termini elevati al quadrato scrivo i termini NON elevati al quadrato
- Apro una tonda
- Scrivo i due termini riportati sotto copiando il segno tra i due del polinomio dato nell'esercizio
- Chiudo la tonda
- Apro un'altra tonda e mi concentro solo sui termini della prima tonda (non più sul polinomio iniziale)
- Scrivo il primo termine elevato alla seconda
- Metto un segno OPPOSTO al segno che ho messo nella prima tonda
- Moltiplico il primo termine per il secondo termine
- Metto un +
- Scrivo il secondo termine elevato alla seconda
- Chiudo la tonda

Esempi:

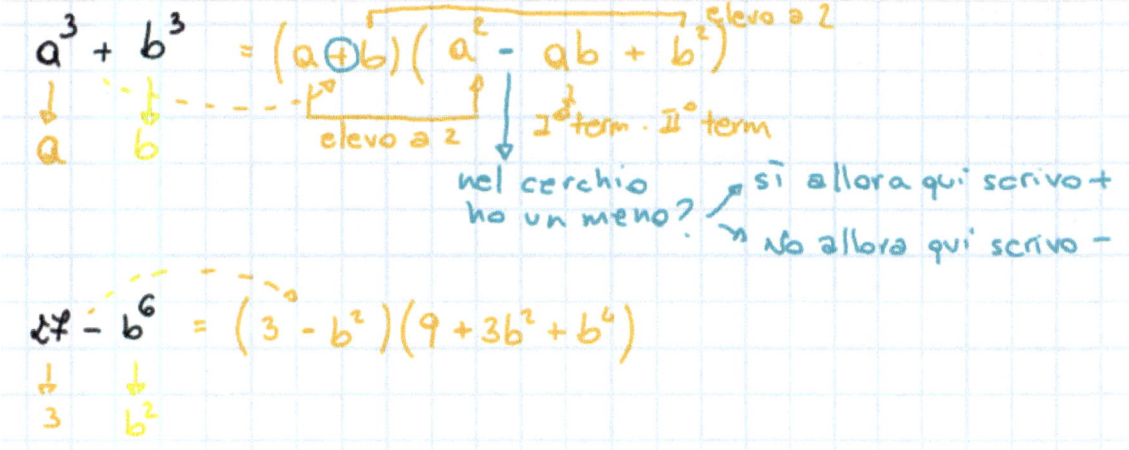

3 TERMINI

Se ho tre termini posso avere due casi:

Ci sono due termini che sono elevati alla seconda?
DEVO controllare il DOPPIO-PRODOTTO

Applico la regola del **QUADRATO DI UN BINOMIO**.

Sotto i due termini elevati (che devono essere sempre POSITIVI) al quadrato:
- faccio una freccia e scrivo i termini NON elevati alla seconda (vedi esempio),
- controllo quindi il DOPPIO-PRODOTTO (se non viene uguale al termine senza freccia NON posso scomporre):

Es.
$$a^2 + 2ab + b^2$$
$$a \quad * \quad b \quad * \quad 2 = 2ab$$

è uguale al secondo termine che non ha la freccia sotto, quindi:
- apro tonda
- scrivo il primo termine (quello al termine della freccia)
- scrivo il segno del termine che non ha frecce
- scrivo il secondo termine (quello al termine della freccia)
- chiudo tonda e metto un elevato alla seconda

$$(a+b)^2$$

Esempi:

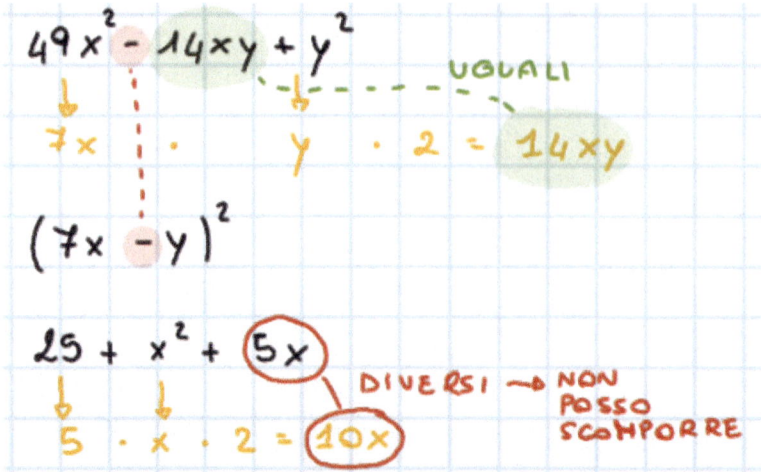

C'è solo un termine elevato alla seconda ed il trinomio è completo?

Applico la regola del **TRINOMIO CARATTERISTICO** conosciuto anche come **SOMMA-PRODOTTO**.

Questo caso però si divide in due a seconda del valore del coefficiente numerico del termine di grado massimo (quello elevato alla seconda):

Se il termine di grado massimo ha coefficiente numerico uguale a 1

Applichiamo la regola **SOMMA-PRODOTTO CLASSICA** cioè dobbiamo trovare due numeri:
- la cui SOMMA faccia il coefficiente numerico (comprensivo di segno) del termine di primo grado
- il cui PRODOTTO faccia il termine noto (comprensivo di segno).

Come faccio a trovare questi numeri?
- parto dal PRODOTTO e trovo tutte quelle coppie di numeri che moltiplicati insieme formano tale numero
- controllo il SEGNO DEL PRODOTTO:
    - se è POSITIVO: i due numeri devono essere CONCORDI (tutti e due + o tutte e due -)
    - se è NEGATIVO: i due numeri devono essere DISCORDI (uno + e l'altro -)
- cercare quella combinazione tale per cui sommati facciano la SOMMA di cui sopra

Se trovo questi due numeri la scomposizione sarà:
- aperta tonda
- lettera del trinomio
- scelgo un numero (scrivendone il segno)
- chiudo tonda
- apro un'altra tonda
- lettera del trinomio
- scelgo l'altro numero (scrivendone il segno)
- chiudo tonda

Esempio:

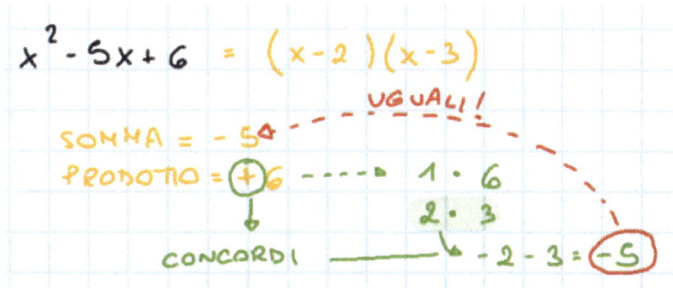

> **Se il termine di grado massimo ha coefficiente numerico DIVERSO da 1**
>
> Applichiamo la regola **SOMMA-PRODOTTO RIVISITATA** cioè:
> - moltiplichiamo il coefficiente del termine di grado massimo con il termine noto
> - cerchiamo due termini il cui prodotto faccia la moltiplicazione appena calcolata, la cui somma faccia il valore del termine con la x al primo grado.
> - riscriviamo il polinomio dove al posto del termine al primo grado lo sostituiamo con i due termini trovati prima, ognuno dei quali seguito da una x
> - applichiamo la scomposizione **RACCOGLIMENTO PARZIALE** che trovi nelle pagine relative alla scomposizione a 4 termini.

Esempio:

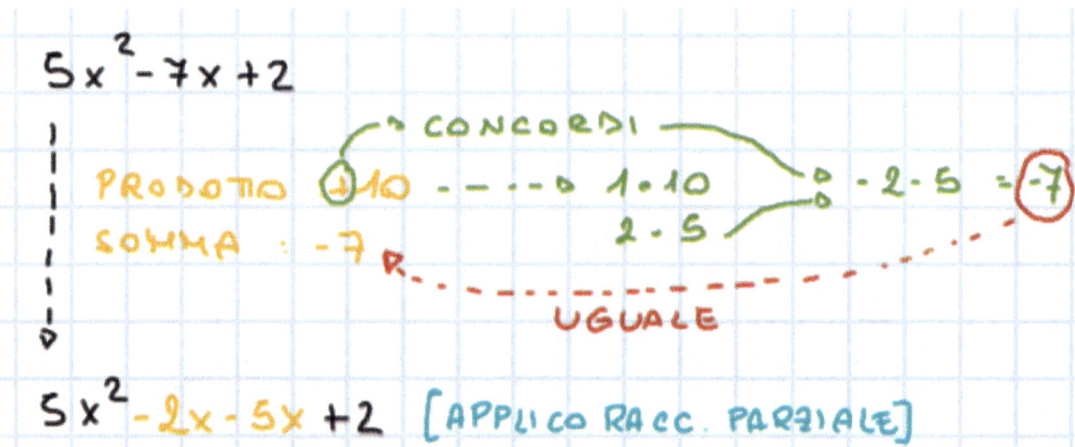

4 TERMINI

Se ho quattro termini posso avere due casi:

Ci sono due termini elevati al CUBO?
DEVO controllare i due TRIPLI-PRODOTTI

Applico la regola del **CUBO DI UN BINOMIO**.

Sotto i due termini elevati elevati alla terza:
- faccio una freccia e scrivo i termini NON elevati al cubo (attenzione ai segni)
- controllo quindi i due TRIPLI-PRODOTTI (se non vengono uguali ai termini senza freccia allora il polinomio non è scomponibile) facendo:
    - (1° termine)² * 2° termine * 3
    - 1° termine * (2° termine)² * 3

Se sono uguali allora posso effettuare la scomposizione e scrivere:
- aperta tonda
- il primo termine (non elevato)
- il secondo termine (non elevato) ricordandomi di scrivere il segno
- chiusa tonda elevata alla terza

Es.
$$x^3 - 6x^2 + 12x - 8$$
x -2

Controllo i tripli prodotti:
1. $x^2 \cdot (-2) \cdot 3 = -6x^2$
2. $x \cdot (-2)^2 \cdot 3 = x \cdot (+4) \cdot 3 = +12x$

Essendo uguali a due termine che non hanno la freccia sotto, allora è possibile fare la scomposizione:

$$(x-2)^3$$

Esempio:

$27x^3 + 54x^2 + 36x + 8 = (3x+2)^3$

$3x \quad\quad\quad +2$

- $(3x)^2 \cdot (+2) \cdot 3 = 9x^2 \cdot (+2) \cdot 3 = 54x^2$
- $3x \cdot (+2)^2 \cdot 3 = 3x \cdot (4) \cdot 3 = 36x$

RACCOGLIMENTO PARZIALE

È possibile provare ad eseguire il raccoglimento parziale, cioè raccogliere a fattor comune, ma solo due termini per volta, in modo tale che dentro le tonde che ne usciranno ci saranno gli stessi valori, sia per segno che per coefficiente che per parte letterale.

Una volta quindi raccolto parzialmente deve sempre essere possibile raccogliere totalmente le tonde.

Es.
$5x^2 - 2x - 5x + 2$

Proviamo a raggruppare il primo termine con il terzo e raccogliere tra i due un 5x,

$5x(x - 1)$

mentre tra il secondo e l'ultimo termine raccogliamo un 2

$2(-x + 1)$

Se ora ci concentriamo sulle due tonde, notiamo che i termini al loro interno sono OPPOSTI, quindi, nel secondo passaggio, raccolgo un meno che verrà messo vicino al 2 raccolto, e cambio i segni a tutti i termini nella tonda:

$-2(x - 1)$

Ora le due tonde sono uguali: $5x(x - 1) - 2(x - 1)$

Raccolgo quindi totalmente la tonda e termino così la scomposizione:

$(x - 1)(5x - 2)$

Esempio:

$$12x^3 + 4x^2 + 9x + 3 = (3x+1)(4x^2+3)$$

$$4x^2(3x+1) \quad +3(3x+1)$$

5 TERMINI (ESERCIZI AVANZATI)

Se ho cinque termini è necessario procedere per aggregazioni e provare a scomporre in maniera separata, quindi due termini e poi i 3 restanti, o 4 termini e lasciarne uno da parte.

Una volta fatta la scomposizione aggregata, provare a scomporre il risultato a seconda dei casi che si ottengono, controllando le scomposizioni:
- RACCOGLIMENTO TOTALE
- SCOMPOSIZIONI A 2 TERMINI

Questa tipologia di scomposizione è per chi sa applicare bene tutte le scomposizioni precedenti e che quindi ha allenato l'occhio a vedere le aggregazioni secondo la logica delle scomposizioni.

Esempio:

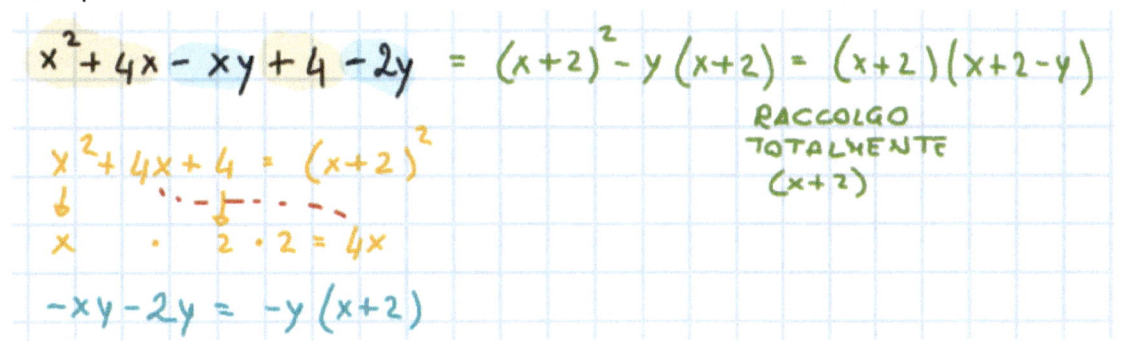

$$x^2 + 4x - xy + 4 - 2y = (x+2)^2 - y(x+2) = (x+2)(x+2-y)$$

RACCOLGO TOTALMENTE $(x+2)$

$$x^2 + 4x + 4 = (x+2)^2$$
$$x \cdot 2 \cdot 2 = 4x$$

$$-xy - 2y = -y(x+2)$$

6 TERMINI

Se ho sei termini posso considerare anche qui le aggregazioni, il raccoglimento parziale oppure il seguente caso:

Ci sono tre termini che sono elevati al quadrato?
DEVO controllare i tre DOPPI-PRODOTTI.

Applico la regola del **QUADRATO DI UN TRINOMIO**.

Sotto i tre termini elevati elevati alla seconda (devono essere tutti POSITIVI):
- faccio una freccia e scrivo i termini NON elevati al quadrato
- controllo quindi i tre DOPPI-PRODOTTI (se non vengono uguali ai termini senza freccia, senza considerare il segno, allora il polinomio non è scomponibile) facendo:
    - 1° termine * 2° termine * 2
    - 1° termine * 3° termine * 2
    - 2° termine * 3° termine * 2

Controllo infine i segni (passaggio complesso da spiegare, più semplice nell'esempio):
- guardo quale dei termini senza freccia sotto è negativo e controllo nelle tre moltiplicazioni appena fatte quelle che hanno risultato uguale (in valore assoluto) a quello negativo. Il termine coinvolto nelle moltiplicazioni che è comune sarà quello con il meno.

Se tutto combacia allora:
- aperta tonda
- il primo termine (non elevato) ricordandomi di scrivere il segno
- il secondo termine (non elevato) ricordandomi di scrivere il segno
- il terzo termine (non elevato) ricordandomi di scrivere il segno
- chiusa tonda elevata alla seconda

Es.
$$x^2 + 4 + 9x^4 + 4x - 6x^3 - 12x^2$$

$x \quad 2 \quad 3x^2$

Controllo i doppi prodotti secondo la regola:
1. $x \cdot 2 \cdot 2 = 4x$ → uguale al quarto termine (non considero il segno)
2. $x \cdot 3x^2 \cdot 2 = 6x^3$ → uguale al quinto termine (non considero il segno)
3. $2 \cdot 3x^2 \cdot 2 = 12x^2$ → uguale al sesto termine (non considero il segno)

Controllo i segni nel testo iniziale, vedo che il quinto ed il sesto termine (corrispondenti alle moltiplicazioni 2 e 3) hanno il meno. Nei passaggi 2 e 3 il termine in comune è $3x^2$ quindi è lui quello designato ad avere il segno meno.

Scrivo quindi la scomposizione finale: $(x + 2 - 3x^2)^2$

RUFFINI

La scomposizione di Ruffini, basata sulla divisione di Ruffini, è una scomposizione SALVATAGGIO, applicabile, solitamente, se il polinomio da scomporre ha la parte letterale composta da una lettera comune in tutti i termini (tranne il termine noto) con esponenti diversi.

Questa scomposizione serve per ridurre di un grado il polinomio iniziale, quindi se partiamo da un polinomio di grado 7, Ruffini ci permette di ottenere un polinomio di grado 6 moltiplicato per un polinomio di grado 1.

Ricordiamo sempre che la scomposizione è un'operazione che serve per ridurre un polinomio iniziale di grado elevato, in fattori composti da polinomi di grado il più basso possibile. Ragion per cui se i fattori ottenuti sono di grado superiore all'uno è sempre necessario controllare se sono ancora scomponibili con le regole viste sopra oppure di nuovo applicando la regola di Ruffini.

Regole:
- Cercare tutti i divisori del termine noto (il termine senza lettera), considerandoli sia con il segno positivo sia con quello negativo
- REGOLA AVANZATA: cercare tutti i divisori del termine di grado massimo, considerandoli sia con il segno positivo sia con quello negativo
- REGOLA AVANZATA: considerare tutte le combinazioni dei due messi in rapporto, divisore del termine noto fratto divisore del termine di grado massimo e viceversa. Anche in questo caso si considerano sia con il segno positivo che con il segno negativo
- Andare a sostituire nel polinomio iniziale al posto delle x un divisore alla volta, facendo i calcoli relativi, fin quando non si trova un divisore che permetta di arrivare ad un risultato pari a zero nei calcoli (i coefficienti di ogni singolo monomio del polinomio andranno riscritti perché permettono di eseguire i calcoli
- Costruire la divisione di Ruffini, mettendo nella seconda riga a sinistra il divisore appena trovato e nella prima riga i coefficienti (SOLO I NUMERI) del polinomio di partenza messo in ordine (con gli esponenti in ordine decrescente) ricordando che se manca una potenza è OBBLIGATORIO inserire uno ZERO e che il termine noto dovrà essere messo alla destra della seconda linea verticale (cella più a destra della prima riga)
- Il primo termine della prima riga a sinistra va copiato nella terza riga, dopo la linea del totale.
- I coefficienti che si trovano nella terza riga vanno moltiplicati per il divisore posto nella seconda riga a sinistra della prima linea verticale e il risultato va messo SEMPRE nella seconda riga, nella colonna subito a destra libera.
- Si fa la SOMMA della prima con la seconda riga e il risultato lo si mette nella terza riga.

- Nella cella più a destra della terza riga comparirà il risultato che dovrà OBBLIGATORIAMENTE essere ZERO (se non viene zero o si è sbagliato il divisore oppure il procedimento di calcolo della divisione)
- Nella terza riga si trovano quindi i coefficienti che saranno, a partire da sinistra, quelli relativi alla lettera del polinomio iniziale diminuito di un grado e andando verso destra verrà sempre diminuito di un grado la parte letterale fino al termine noto. Questo polinomio verrà poi moltiplicato per il il binomio composto dalla lettera del polinomio e dal divisore CAMBIATO DI SEGNO.

Esempio:

$3x^3 + x^2 - 19x + 15$

- *Trovo i divisori di 15:* $\pm 1; \pm 3; \pm 5; \pm 15$
- *REGOLA AVANZATA: trovo i divisori di 3:* $\pm 1; \pm 3$
- *REGOLA AVANZATA: trovo tutte le combinazioni:*

$\pm 1; \pm 3; \pm 5; \pm 15; \pm \dfrac{1}{3}; \pm \dfrac{1}{5}; \pm \dfrac{1}{15}; \pm \dfrac{5}{3}; \pm \dfrac{3}{5}$

- *Sostituisco al posto della x, ognuno di questi divisori considerando il segno, fin quando non ne trovo uno che dà come risultato del calcolo zero:*

$P(-1) = 3 \cdot (-1)^3 + (-1)^2 - 19 \cdot (-1) + 15 = -3 + 1 + 19 + 15 = +32$

NON VA BENE

$P(+1) = 3 \cdot (+1)^3 + (+1)^2 - 19 \cdot (+1) + 15 = 3 + 1 - 19 + 15 = 0$ OK

- *Costruisco la divisione di Ruffini:*

	3	1	-19	15
+1				

- *Copio il primo termine della prima riga più a sinistra nella terza riga*

	3	1	-19	15
+1				
	3			

- *Moltiplico il coefficiente che si trova sulla terza riga con quello che si trova nella seconda riga, prima colonna*

	3	1	-19	15
+1		3		
	3			

- Sommo i coefficienti della terza colonna e scrivo il risultato nella terza riga

	3	1	-19	15
+1		3		
	3	4		

- Vado avanti moltiplicando il 4 con l'1 che scriverò nella quarta colonna e così via

	3	1	-19	15
+1		3	4	-15
	3	4	-15	0

- Avendo ottenuto zero nella colonna più a destra, terza riga allora la scomposizione con Ruffini è corretta, procedo quindi con la scrittura (RICORDA DI CAMBIARE DI SEGNO IL DIVISORE, cioè il numero che sta nella seconda riga, prima colonna):

$$(3x^2 + 4x - 15)(x - 1)$$

- Prova tu ora a scomporre la prima parentesi, ricordandoti che puoi usare tutte le scomposizioni viste finora [in questo caso quella con tre elementi] o eventualmente ad usare di nuovo la scomposizione di Ruffini.

RISULTATO: $(x - 1)(x + 3)(3x - 5)$

ORDINE da SEGUIRE

1. Effettuare le somme se è possibile farle.
2. C'è qualcosa in comune?

    Sì → raccoglimento totale. Ritornare al passo 1. per i termini in parentesi.

    No → Quanti termini sono?

    a. 2 TERMINI:
        i. I due termini sono elevati alla seconda e sono discordi?
            - Sì → applicare il metodo **SOMMA PER DIFFERENZA**.
            - No → I due termini sono elevati alla terza?
                - Sì → applicare il metodo **SOMMA/DIFFERENZA TRA CUBI**.
                - No → provare **RUFFINI**, altrimenti il polinomio non si può scomporre.
    b. 3 TERMINI:
        i. Riconosci due termini che sono dei quadrati?
            - Sì → controllare il doppio prodotto. Applicare il metodo **QUADRATO DI UN BINOMIO**
            - No → il termine x^2 ha il coefficiente numerico pari a 1?
                - Sì → applicare il metodo **SOMMA-PRODOTTO**.
                - No → applicare **SOMMA-PRODOTTO AVANZATO** con raccoglimento parziale o **RUFFINI**
    c. 4 TERMINI:
        i. Riconosci due termini che sono dei cubi?
            - Sì → controllare i tripli prodotti. Applicare il metodo **CUBO DI UN BINOMIO**
            - No → controllare se si può applicare il **RACCOGLIMENTO PARZIALE**, altrimenti provare **RUFFINI**, se no il polinomio non si può scomporre.

    d. 5 TERMINI:
        i. Provare a fare le **AGGREGAZIONI** altrimenti **RUFFINI**
    e. 6 TERMINI:
        i. Riconosci tre termini che sono dei quadrati?
            - Sì → controllare i doppi prodotti. Applico il metodo **QUADRATO DI UN TRINOMIO**
            - No → provare **RUFFINI**, altrimenti il polinomio non si può scomporre.
    f. In tutti gli altri casi usare **Ruffini** se è possibile.
3. Ritornare al passo 1. per i termini in parentesi.

MASSIMO COMUN DIVISORE E MINIMO COMUNE MULTIPLO
(M.C.D. e m.c.m)

Esercizi di questo genere sono utili per il capitolo successivo relativamente alle FRAZIONI ALGEBRICHE in quanto il m.c.m. è anche il DENOMINATORE COMUNE utile nelle somme tra frazioni algebriche.

Per svolgere esercizi di questo genere, come prima cosa devo SCOMPORRE tutti i polinomi dati secondo le regole viste fin qui e successivamente:

- Per determinare i fattori che compongono il **M.C.D.** si procede nel seguente modo:
    - considero i fattori comuni a TUTTI i polinomi, con esponente più basso. Se non esistono comuni a tutti, allora il MASSIMO COMUN DIVISORE è 1.
- Per determinare i fattori che compongono il **m.c.m.** si procede nel seguente modo:
    - considero i fattori comuni una sola volta e lo prendo con esponente maggiore (anche se non sono comuni a tutti) e prendo tutti quelli non comuni.

Esempio

Trova il MCD e il mcm dei seguenti polinomi:
1. $x^2 - 1$
2. $x^3 + 1$
3. $xy + y$

Innanzi tutto scomponiamo i tre polinomi usando le regole viste precedentemente:
1. $(x-1)(x+1)$
2. $(x+1)(x^2 - x + 1)$
3. $y(x+1)$

*Determino il **MCD**:*
Il fattore comune a tutti e tre i polinomi è
$$(x+1)$$

*Determino il **mcm**:*
Prendo quelli comuni con esponente maggiore e tutti quelli non comuni, quindi
$$y(x+1)(x-1)(x^2 - x + 1)$$

Le Frazioni Algebriche

Prima di trattare questa argomentazione è necessario avere ben chiare quelle che sono le regole delle scomposizioni viste nel precedente capitolo e sapersi destreggiare nei vari esercizi. Nel caso in cui ti sentissi poco preparato e/o avessi dei dubbi, ti direi di non addentrarti nello studio delle frazioni algebriche, così come se avessi poco chiare le regole delle operazioni tra numeri reali, tra monomi, polinomi e i prodotti notevoli. I capitoli visti fin qui sono infatti alla base delle frazioni algebriche e del prosieguo della matematica.

Le **frazioni algebriche** sono dei rapporti tra due quantità dove al DENOMINATORE, cioè la parte sotto la linea di frazione, compare un monomio od un polinomio.

Esempi:

$-\dfrac{12x^2 - 1}{4x}$	è una frazione algebrica in quanto abbiamo 4x al DENOMINATORE
$\dfrac{4}{x^3 - 1}$	è una frazione algebrica in quanto compare x^3 - 1 al DENOMINATORE
$\dfrac{3x^2}{2}$	NON È UNA FRAZIONE ALGEBRICA (manca la parte letterale al DENOMINATORE)

Come già visto precedentemente nel corso dello studio della matematica, dobbiamo ricordarci che esistono casi in questa materia in cui le operazioni risultano essere impossibili, come per esempio dividere una quantità per zero.

Pensiamo, a questo esempio:

$\dfrac{5}{0}$	Se avessimo una torta, dovremmo dividerla per 0 parti, quindi in realtà non la divideremo, ecco perché questa operazione è IMPOSSIBILE

Ragion per cui, avendo una lettera al denominatore, quindi una VARIABILE, cioè una quantità che può assumere valori diversi, dobbiamo andare a studiare ciò che in matematica si chiama **CAMPO di ESISTENZA** o **CONDIZIONI di ESISTENZA** (abbreviato in **C.E.**) che permettono di escludere tutti quei valori che rendono IMPOSSIBILE l'operazione di divisione.

REGOLE DEL CALCOLO DEL C.E.

Nelle frazioni, pongo il **DENOMINATORE DIVERSO DA ZERO**. Lo scopo è di ottenere:

$$x \neq \text{numero}$$

- Si scompone il DENOMINATORE e si scrive a lato ogni fattore del DENOMINATORE DIVERSO DA ZERO. Risolvo quindi ogni fattore separatamente:
    - Le lettere andranno lasciate a sinistra del segno di disuguaglianza ($\neq$), mentre tutti i numeri senza le lettere a destra del segno, ricordando che ogni volta che un valore viene spostato è necessario cambiarlo di segno, da POSITIVO diventa NEGATIVO e viceversa
    - Se la lettera ha un coefficiente numerico diverso da 1, allora si divide a destra e a sinistra del segno di disuguaglianza per il coefficiente numerico vicino alla lettera, in modo da semplificare il valore.

Esempi:

$$\frac{3+x}{x^2-1}$$

Scompongo il DENOMINATORE:
$$x^2 - 1 = (x+1)(x-1)$$

Riscrivo la frazione con il DENOMINATORE SCOMPOSTO:
$$\frac{3+x}{(x+1)(x-1)}$$

Calcolo il C.E.:
$DEN \neq 0$
$(x+1)(x-1) \neq 0$
$F1 \neq 0 : x+1 \neq 0 \implies x \neq -1$
$F2 \neq 0 : x-1 \neq 0 \implies x \neq +1$

$$\frac{5}{3x^2 - x}$$

Scompongo il DENOMINATORE:
$$3x^2 - x = x(3x-1)$$

Riscrivo la frazione con il DENOMINATORE SCOMPOSTO:

$$\frac{5}{x(3x-1)}$$

Calcolo il C.E.:
$DEN \neq 0 \implies x(3x-1) \neq 0$

$F1 \neq 0 : x \neq 0$

$F2 \neq 0 : 3x - 1 \neq 0 \implies 3x \neq +1 \implies \dfrac{3x}{3} \neq \dfrac{1}{3} \implies x \neq \dfrac{1}{3}$

SEMPLIFICAZIONE

Semplificare una frazione algebrica significa ridurla in una frazione più semplice, dividendo il numeratore (quello che sta sopra la linea di frazione) e il denominatore (quello che sta sotto) per uno stesso fattore diverso da zero.

PASSAGGI da ESEGUIRE:
1. Si scompone sia il NUMERATORE che il DENOMINATORE
2. Calcolo il CAMPO DI ESISTENZA
3. Se compare uno stesso fattore sia sopra che sotto, è possibile semplificarlo, cioè toglierlo se hanno lo stesso grado, oppure abbassare di grado quello che ha l'esponente maggiore, abbassandolo di tanti numeri quanto è l'esponente più basso. Ovviamente quest'ultimo scomparirà.

ATTENZIONE: Le parentesi le considero come un agglomerato unico, non posso semplificare un componente di una parentesi! O semplifico l'intera parentesi oppure nulla.

Esempi:

$$\frac{1+x}{x^2-1}$$

Scompongo il numeratore, ma essendo già di primo grado non devo fare ulteriori scomposizioni.

Scompongo il DENOMINATORE:
$$x^2 - 1 = (x+1)(x-1)$$

Riscrivo la frazione con il DENOMINATORE SCOMPOSTO:
$$\frac{1+x}{(x+1)(x-1)}$$

Calcolo il C.E.:
$DEN \neq 0$
$(x+1)(x-1) \neq 0$
$F1 \neq 0 : x+1 \neq 0 \implies x \neq -1$
$F2 \neq 0 : x-1 \neq 0 \implies x \neq +1$

Proseguo con la semplificazione in quanto compare lo stesso fattore sia sopra che sotto (x+1), ricorda che scrivere 1+x è uguale a scrivere x+1 per la PROPRIETÀ COMMUTATIVA della somma:

$$\frac{\cancel{x+1}}{\cancel{(x+1)}(x-1)} = \frac{1}{x-1}$$

$$\frac{x^3-1}{x^2-2x+1}$$

Scompongo il NUMERATORE:
$$x^3-1 = (x-1)(x^2+x+1)$$

Scompongo il DENOMINATORE:
$$x^2-2x+1 = (x-1)^2$$

Riscrivo la frazione con il NUMERATORE ed il DENOMINATORE SCOMPOSTO:
$$\frac{(x-1)(x^2+x+1)}{(x-1)^2}$$

Calcolo il C.E.:
$$DEN \neq 0$$
$$(x-1)^2 \neq 0$$
tolgo l'elevato alla seconda in quanto zero elevato alla seconda fa zero e risolvo
$$x-1 \neq 0 \implies x \neq 1$$

Proseguo con la semplificazione in quanto compare lo stesso fattore sia sopra che sotto (x-1), essendo sopra di grado 1 e quello sotto di grado 2, quello sopra scomparirà in quanto è di grado minore, quello sotto verrà abbassato quindi di 1 grado (cioè il grado di quello di sopra)

$$\frac{\cancel{(x-1)}(x^2+x+1)}{(x-1)^{\cancel{2}}} = \frac{x^2+x+1}{x-1}$$

$$\frac{x^2-x}{x}$$

Scompongo il NUMERATORE:
$$x^2-x = x(x-1)$$

Il DENOMINATORE è già scomposto essendo di primo grado

Riscrivo la frazione con il NUMERATORE SCOMPOSTO:

$$\frac{x(x-1)}{x}$$

Calcolo il C.E.:
$$DEN \neq 0 \implies x \neq 0$$

Proseguo con la semplificazione in quanto compare lo stesso fattore sia sopra che sotto x, anche se questo sta fuori una parentesi.

$$\frac{\cancel{x}(x-1)}{\cancel{x}} = x - 1$$

SOMMA ALGEBRICA

Per eseguire la **somma algebrica** (quindi sia la somma che la sottrazione) tra frazioni algebriche è necessario:
- Scomporre tutti i denominatori e riscrivo l'esercizio iniziale con i denominatori scomposti
- Si cerca il **m.c.m** tra i denominatori facendo il DENOMINATORE COMUNE (vedi capitolo precedente)
- Si fa una linea di frazione lunga sul foglio
- Si divide il **m.c.m.** per ogni denominatore, si copia il risultato tra tonde al numeratore della frazione lunga, facendo attenzione a riscrivere il segno che c'è prima della frazione, e si copia di fianco il vecchio numeratore tra parentesi tonde
- Si fanno i calcoli SOLO al numeratore
- Scompongo il numeratore
- Semplifico la frazione ottenuta

Esempio:

$$\frac{1+x}{x^2-1} + \frac{1}{x^2-2x+1}$$

Scompongo i denominatori:
$$D1: x^2 - 1 = (x+1)(x-1)$$
$$D2: x^2 - 2x + 1 = (x-1)^2$$

Riscrivo ogni frazione con il denominatore scomposto:
$$\frac{1+x}{(x+1)(x-1)} + \frac{1}{(x-1)^2}$$

Calcolo il m.c.m.:
$$m.c.m. = (x-1)^2(x+1)$$

Faccio una linea di frazione lunga e sotto ci metto il m.c.m.:
$$\frac{\ldots}{(x-1)^2(x+1)}$$

Valuto il numeratore dividendo il m.c.m per ogni denominatore scomposto e copiando il risultato sopra tra tonde, a fianco copio il numeratore di partenza tra tonde [se non ricordo le divisioni tra polinomi andare a vedere il capitolo relativo: I Polinomi - divisione]:

$$\frac{(x-1)(1+x)+(x+1)(1)}{(x-1)^2(x+1)}$$

Faccio i calcoli sopra:
$$\frac{x^2-1+x+1}{(x-1)^2(x+1)} = \frac{x^2+x}{(x-1)^2(x+1)}$$

Scompongo il numeratore ottenuto riscrivendo l'intera frazione:
$$\frac{x(x+1)}{(x-1)^2(x+1)}$$

Calcolo il C.E.:
$$DEN \neq 0 \implies (x-1)^2(x+1) \neq 0$$
$$F1 \neq 0 : (x-1)^2 \neq 0 \implies x-1 \neq 0 \implies x \neq 1$$
$$F2 \neq 0 : x+1 \neq 0 \implies x \neq -1$$

Semplifico i fattori comuni:
$$\frac{x\cancel{(x+1)}}{(x-1)^2\cancel{(x+1)}} = \frac{x}{(x-1)^2}$$

MOLTIPLICAZIONE

Per eseguire il **prodotto** tra due o più frazioni algebriche è necessario:
1. Scomporre tutti i numeratori e i denominatori dei vari fattori coinvolti nella moltiplicazione e riscrivo l'esercizio con tutto semplificato
2. Effettuare le semplificazioni incrociate e/o numeratore con denominatore della stessa frazione
3. Eseguire infine la moltiplicazione:
    a. Valuto i segni, ricordandomi che se le frazioni sono concordi il risultato è POSITIVO, diversamente se sono discordi allora il risultato sarà NEGATIVO.
    b. Moltiplico i numeratori tra di loro e i denominatori tra di loro (mai moltiplicare in maniera incrociata)

RICORDA: se un polinomio non ha il denominatore, automaticamente il denominatore è 1.

Esempio:

$$\frac{x^2-1}{x^3+1} \cdot \left(-\frac{x^2-x+1}{x^2-2x+1}\right)$$

Scompongo tutte e due le frazioni, sia il numeratore che il denominatore:

$N1: x^2 - 1 = (x-1)(x+1)$

$D1: x^3 + 1 = (x+1)(x^2-x+1)$

$N2: x^2 - x + 1 \rightarrow$ *non è scomponibile*

$D2: x^2 - 2x + 1 = (x-1)^2$

Riscrivo le frazioni iniziali scomposte

$$\frac{(x-1)(x+1)}{(x+1)(x^2-x+1)} \cdot \left(-\frac{x^2-x+1}{(x-1)^2}\right)$$

Semplifico in maniera incrociata e/o sopra con sotto della stessa frazione:

$$\frac{\cancel{(x-1)}\cancel{(x+1)}}{\cancel{(x+1)}\cancel{(x^2-x+1)}} \cdot \left(-\frac{\cancel{x^2-x+1}}{(x-1)^{\cancel{2}}}\right)$$

Moltiplico i segni ed i numeratori tra di loro e i denominatori tra di loro:

$$-\frac{1}{x-1}$$

DIVISIONE

Per **dividere** due frazioni algebriche è necessario:
1. Invertire il numeratore con il denominatore (fare l'inverso o il reciproco) del DIVISORE (cioè della seconda frazione algebrica coinvolta nella divisione) è trasformare la divisione in moltiplicazione
2. Seguire successivamente le regole della moltiplicazione

Esempio:

$$\frac{3x+15}{x-3} : \frac{x+5}{x^2-9}$$

Inverto il DIVISORE (la seconda frazione algebrica che compare nell'esercizio) e cambio la divisione in moltiplicazione

$$\frac{3x+15}{x-3} \cdot \frac{x^2-9}{x+5}$$

Seguo le regole della moltiplicazione:

Scompongo tutte e due le frazioni, sia il numeratore che il denominatore:
$N1: 3x+15 = 3(x+5)$
$D1: x-3 \rightarrow$ *non è scomponibile*
$N2: x^2-9 = (x+3)(x-3)$
$D2: x+5 \rightarrow$ *non è scomponibile*

Riscrivo le frazioni iniziali scomposte
$$\frac{3(x+5)}{(x-3)} \cdot \frac{(x+3)(x-3)}{x+5}$$

Semplifico in maniera incrociata e/o sopra con sotto della stessa frazione:
$$\frac{3\cancel{(x+5)}}{\cancel{(x-3)}} \cdot \frac{(x+3)\cancel{(x-3)}}{\cancel{x+5}}$$

Moltiplico i segni ed i numeratori tra di loro e i denominatori tra di loro:
$3(x+3)$

ELEVAMENTO A POTENZA

Se una frazione algebrica viene **elevata** ad un numero, la potenza viene distribuita sia al numeratore che al denominatore (PROPRIETÀ DISTRIBUTIVA).

RICORDA: Se l'esponente è PARI il segno della frazione algebrica risultante dopo la proprietà distributiva sarà sempre POSITIVO.

Esempi:

$$\left(-\frac{12x^2-1}{4x}\right)^2$$

Applico la PROPRIETÀ DISTRIBUTIVA e cambio di segno dato che l'esponente è PARI:

$$+\frac{(12x^2-1)^2}{(4x)^2}=\frac{(12x^2-1)^2}{16x^2}$$

$$\left(-\frac{x-1}{x+1}\right)^3$$

Applico la PROPRIETÀ DISTRIBUTIVA (mantengo il segno dato che l'esponente è dispari:

$$-\frac{(x-1)^3}{(x+1)^3}$$

RICORDA: nelle espressioni, quando compaiono tutte le operazioni viste sopra, l'ORDINE È IMPORTANTE:
1. Si eseguono prima gli elevati a potenza
2. Si eseguono successivamente le moltiplicazioni e le divisioni in ordine
3. Si eseguono le somme

Ovviamente prima si effettuano tutti i calcoli nelle parentesi tonde, poi nelle quadre ed infine nelle graffe a seconda di come è concepito l'esercizio.

Le Equazioni di Primo Grado

Prima di affrontare questo argomento è necessario aver ben chiare quelle che sono le regole dei polinomi, in particolar modo i prodotti notevoli e le frazioni algebriche, ragion per cui ti consiglierei di attendere a leggere e studiare questo capitolo se non si hanno chiari i due capitoli precedenti.

Se invece hai chiara l'argomentazione, iniziamo a parlare di **equazioni** ovvero di uguaglianze tra due entità dove solitamente compare una lettera, chiamata **VARIABILE** o **INCOGNITA**, che solo se assume un determinato valore tale uguaglianza è verificata.

La struttura di una equazione è la seguente:

espressione letterale = espressione letterale
1° membro = 2° membro
membro a sinistra = membro a destra

Come si può notare l'uguale scinde in due l'equazione:
- nella parte sinistra troviamo una espressione letterale che chiameremo **PRIMO MEMBRO**, o **MEMBRO A SINISTRA**
- nella parte destra dell'uguale troviamo una espressione letterale che chiameremo **SECONDO MEMBRO**, o **MEMBRO A DESTRA**

È bene differenziare le equazioni dalle IDENTITÀ, le quali invece affermano già che le due espressioni letterali che si trovano a sinistra e a destra dell'uguale sono IDENTICHE.

EQUAZIONE	IDENTITÀ
$4x + 2 = 7$ $x = \dfrac{5}{4}$	$(x+1)(x-1) = x^2 - 1$ $x^2 - 1 = x^2 - 1$ $0 = 0$

Possiamo quindi dire che quando una EQUAZIONE ha come risultato 0 = 0 allora è una IDENTITÀ, e l'EQUAZIONE sarà INDETERMINATA.

Le soluzioni di un'equazione prendono il nome di **RADICI**. Se due equazioni hanno le stesse radici allora tali equazioni sono EQUIVALENTI.

È proprio alla base di questo che per risolvere le equazioni ci si basa su due **PRINCIPI di EQUIVALENZA** che permettono quindi di semplificare un'equazione difficile in equazioni più semplici che hanno le stesse soluzioni di quella di partenza.

Molti problemi della matematica infatti si basano proprio sul concetto di semplificare la vita, cioè partire da un problema difficile e ridurlo in problemi più semplici da risolvere.

I due PRINCIPI di EQUIVALENZA sostengono:

1. **PRIMO PRINCIPIO:** se sommo o sottraggo la stessa quantità da entrambi i membri di un'equazione, si ottiene un'equazione equivalente.

   Esempio:

   > $4x + 2 = 7$
   >
   > *Se sommo -2 sia nel primo che nel secondo membro ottengo:*
   > $4x + 2 - 2 = 7 - 2$
   >
   > *Facendo le somme ottengo*
   > $4x = 5$

2. **SECONDO PRINCIPIO:** se moltiplico o divido per la stessa quantità entrambi i membri di un'equazione, ottengo un'equazione equivalente.

   Esempio:

   > $4x = 5$
   >
   > *Se divido per 4 ambo i termini ottengo (la divisione verrà scritta sotto forma di frazione)*
   > $$\frac{4x}{4} = \frac{5}{4}$$
   >
   > *Se semplifico dove è possibile ottengo:*
   > $$\frac{\cancel{4}x}{\cancel{4}} = \frac{5}{4} \implies x = \frac{5}{4}$$

La soluzione dell'equazione, rende vera l'uguaglianza. Cosa vuol dire questo?
Se andassi a sostituire al posto della x il valore appena ottenuto, ottengo una cosa VERA e quindi una IDENTITÀ. Questo calcolo si chiama VERIFICA dell'equazione.
Esempio:

> La soluzione precedente $x = \dfrac{5}{4}$ se andassi a sostituirla nell'equazione iniziale $4x = 5$ al posto della x e facendo i calcoli, otterrei:
> $$\cancel{4} \cdot \left(\frac{5}{\cancel{4}}\right) = 5 \implies 5 = 5 \implies 0 = 5 - 5 \implies 0 = 0$$

EQUAZIONI DI PRIMO GRADO INTERE

Quando si parla di **equazioni intere** si pensa che non debbano comparire frazioni al suo interno. Questo di per sé è corretto, ma è necessario dire che non ci sono frazioni algebriche al suo interno, quindi l'incognita (per intenderci la x) non comparirà mai al DENOMINATORE.

Per risolvere le equazioni numeriche intere di primo grado è necessario:
- fare i calcoli in modo da togliere tutte le parentesi
- se ci sono frazioni, trovare il denominatore comune a tutte le frazioni, indipendentemente se si trovano al primo o al secondo membro, valutando successivamente i numeratori. RICORDA: se ho un meno davanti alla frazione questo cambia tutti i segni del NUMERATORE.
- togliere il denominatore, moltiplicando ambo i membri per lo stesso valore che ha il denominatore comune stesso
- eseguo eventuali altri calcoli in modo da togliere le parentesi
- spostare i monomi con la parte letterale al primo membro e i termini noti al secondo membro, ricordando che spostando i valori è OBBLIGATORIO CAMBIARE DI SEGNO (ma attenzione: solo se vengono spostati di membro)
- fare le somme dei membri, in questo caso tutti i monomi di grado superiore ad 1 dovranno scomparire, in caso contrario o si è sbagliato a fare dei calcoli oppure si tratta di un'equazione di grado superiore al primo, quindi vedere l'argomentazione successiva.
- se il termine con la x ha segno negativo, cambio tutto di segno
- scrivere la soluzione a seconda dei casi
    - se il termine con la x ha un coefficiente numerico diverso da 1, allora dividere entrambi i membri per il valore di tale coefficiente. Il nostro scopo è arrivare a scrivere:
    $$x = NUMERO$$

    - se il termine con la x va via (quindi diventa zero) mentre nel secondo membro otteniamo ancora un numero, abbiamo una situazione del genere:
    $$0 = NUMERO$$
    in tal caso l'equazione è IMPOSSIBILE quindi è necessario scrivere come risultato finale proprio questa parola: **IMPOSSIBILE**

    - se il termine con la x va via (quindi diventa zero) e anche al secondo termine scompaiono tutti i numeri, ottengo una situazione di questo genere:
    $$0 = 0$$
    in questo caso l'equazione è INDETERMINATA, trattandosi di una IDENTITÀ, ragion per cui, è obbligatorio scrivere come risultato finale: **INDETERMINATA**

Esempio:

$$\frac{2x+1}{3} - \frac{x}{6} = \frac{5(x+2)}{4}$$

Eseguo i calcoli in modo da togliere le parentesi:
$$\frac{2x+1}{3} - \frac{x}{6} = \frac{5x+10}{4}$$

Trovo il denominatore comune (m.c.m.) tra 3, 6 e 4: 12, e valuto i numeratori
$$\frac{4(2x+1) - 2x}{12} = \frac{3(5x+10)}{12}$$

Tolgo il denominatore moltiplicando il primo ed il secondo membro per il m.c.m. 12:
$$\cancel{12} \cdot \frac{4(2x+1) - 2x}{\cancel{12}} = \frac{3(5x+10)}{\cancel{12}} \cdot \cancel{12}$$

Eseguo i calcoli in modo da togliere le parentesi:
$8x + 4 - 2x = 15x + 30$

Sposto i monomi con la parte letterale a SINISTRA e i termini noti a DESTRA, ricordando di cambiare segno se sposto il termine:
$8x - 2x - 15x = 30 - 4$

Eseguo le somme:
$-9x = 26$

Cambio tutto di segno dato che il termine con la x ha segno negativo:
$9x = -26$

Divido per il coefficiente vicino alla x:
$$\frac{9x}{9} = \frac{-26}{9}$$

Semplifico, in modo da avere un coefficiente con la x pari a 1:
$$\frac{\cancel{9}x}{\cancel{9}} = \frac{-26}{9} \implies x = \frac{-26}{9}$$

EQUAZIONI DI GRADO SUPERIORE AL PRIMO RICONDUCIBILI AL PRIMO

È possibile che, durante gli esercizi, capitino equazioni in cui i **monomi di grado più alto del primo** non spariscano durante i calcoli, in tal caso l'equazione risultante non è più di primo grado ma sarà di grado superiore al primo.

Cosa fare in questo caso?
Dopo aver fatto i primi 4 punti visti precedentemente, eseguire i seguenti passaggi:
- spostare tutti i termini al primo membro, ricordando che se si spostano è necessario cambiare di segno
- provare a scomporre il polinomio in fattori seguendo le regole dei capitoli precedenti
- utilizzare la LEGGE DI ANNULLAMENTO DEL PRODOTTO, cioè considerare ogni fattore e uguagliarlo a zero. Ogni fattore dovrà essere di primo grado, altrimenti non è possibile risolvere l'equazione.
- procedere quindi, per ogni fattore, agli **ultimi 3 passaggi** visti precedentemente

Esempio:

$x(x-5) = x^2 - x(x+6) + 6(x-1)$

Eseguo i calcoli:
$x^2 - 5x = x^2 - x^2 - 6x + 6x - 6$

Osservo che ho dei termini elevati alla seconda quindi sposto tutto al primo membro, ricordandomi di cambiare di segno quando sposto:
$x^2 - 5x - x^2 + x^2 + 6x - 6x + 6 = 0$

Eseguo le somme:
$x^2 - 5x - \cancel{x^2} + \cancel{x^2} + \cancel{6x} - \cancel{6x} + 6 = 0$
$x^2 - 5x + 6 = 0$

Essendo di secondo grado (c'è x²) allora devo per forza scomporre (uso SOMMA-PRODOTTO):
$(x-2)(x-3) = 0$

Uso la LEGGE DI ANNULLAMENTO DEL PRODOTTO, perciò prendo ogni singolo fattore (ogni parentesi tonda) e la pongo uguale a zero risolvendo l'equazione di primo grado:
$F1: x - 2 = 0 \implies x = 2$
$F2: x - 3 = 0 \implies x = 3$

EQUAZIONI FRATTE

Cosa succede se all'interno dell'equazione ci sono delle **frazioni algebriche** e quindi l'incognita compare anche al denominatore?

Esattamente come nelle equazioni intere in cui comparivano delle frazioni con il denominatore numerico (non letterale), anche qui è necessario trovare il denominatore comune, il problema però sta nel fatto che è d'obbligo sapere tutto il procedimento della somma algebrica delle frazioni algebriche. Perciò se qualcosa non è chiaro ti consiglio di andare a rivederti l'argomentazione nel capitolo precedente.

Una volta però trovato il denominatore comune e valutato ogni singolo numeratore, si calcolano le CONDIZIONI DI ESISTENZA in modo da poter togliere il denominatore e andare avanti con la risoluzione dell'equazione che ora si è trasformata in intera.

I passaggi da seguire sono quindi:
- fare i calcoli ai numeratori in modo da togliere le parentesi
- scomporre tutti i denominatori e trovare il m.c.m tra questi
- fare due linee di frazione separate dall'uguale con al denominatore il m.c.m. trovato prima, e valutare ogni numeratore, ricordando che se c'è un meno davanti alla frazione è d'obbligo mettere le tonde, esso infatti cambierà tutti i segni del numeratore della frazione
- calcolare il C.E. e mandar via il denominatore
- eseguire gli **ultimi 3 passaggi** delle equazioni intere
- valutare ogni risultato ottenuto con le CONDIZIONI DI ESISTENZA:
    - se compaiono nel C.E. allora il risultato NON È ACCETTABILE e bisogna scriverlo vicino
    - se NON compaiono nel C.E. allora il risultato È ACCETTABILE e bisogna scriverlo vicino

Esempio:

$$\frac{x}{x^2 - 5x + 6} = -\frac{1}{x - 3}$$

Essendoci la x al denominatore si tratta di frazioni algebriche quindi inizio a scomporre i denominatori:

$D1: x^2 - 5x + 6 \implies (x - 2)(x - 3)$ → *somma-prodotto*

$D2: x - 3$ → *non scomponibile*

Mi trovo il m.c.m.: $(x - 2)(x - 3)$

Scrivo l'equazione con il denominatore comune valutando i numeratori:

$$\frac{1(x)}{(x-2)(x-3)} = -\frac{(x-2)(1)}{(x-2)(x-3)}$$

Eseguo il C.E.:
$DEN \neq 0$
$(x-2)(x-3) \neq 0$
$F1 \neq 0 : x-2 \neq 0 \implies x \neq 2$
$F2 \neq 0 : x-3 \neq 0 \implies x \neq 3$

Moltiplico il primo ed il secondo membro per il denominatore comune, togliendo così il denominatore:

$$\cancel{(x-2)(x-3)} \cdot \frac{1(x)}{\cancel{(x-2)(x-3)}} = -\frac{(x-2)(1)}{\cancel{(x-2)(x-3)}} \cdot \cancel{(x-2)(x-3)}$$

Faccio i calcoli al numeratore:
$x = -x + 2$

È di primo grado, quindi sposto i monomi al primo membro e i termini noti al secondo, cambiando di segno nel caso avvenga lo spostamento:
$x + x = 2$

Eseguo le somme in ogni membro:
$2x = 2$

La x è positiva quindi NON cambio di segno, ma divido a per il coefficiente vicino alla x sia il primo che il secondo membro
$$\frac{2x}{2} = \frac{2}{2}$$

Semplifico dove posso semplificare:
$$\frac{\cancel{2}x}{\cancel{2}} = \frac{\cancel{2}}{\cancel{2}} \implies x = 1$$

Controllo se $x = 1$ è accettabile guardando se è uguale o meno al C.E.:
- il C.E. diceva che x doveva essere diverso da 2 e da 3, io ottenuto che x è uguale ad 1 perciò è accettabile perciò scriverò

$x = 1 \implies ACCETTABILE$

Le Disequazioni di Primo Grado

Come per l'argomento precedente, anche qui prima di addentrarci nel capitolo è necessario aver ben chiaro i prodotti notevoli e le scomposizioni, i calcoli con i polinomi e le equazioni di primo grado. Perciò se ci fossero dei dubbi direi di fermarti un attimo e di riprendere gli argomenti precedenti.

Se invece hai chiara l'argomentazione, iniziamo a parlare di **disequazioni** ovvero una sorta di equazioni dove però al posto dell'uguale (=) in metà abbiamo un verso del tipo:
- maggiore: $>$
- maggiore o uguale: $\geq$
- minore: $<$
- minore o uguale: $\leq$

La struttura di una disequazione è la seguente (userò il maggiore ma in mezzo può esserci qualsiasi altro verso:

espressione letterale > espressione letterale
1° membro > 2° membro
membro a sinistra > membro a destra

Come si può notare il verso scinde in due la disequazione:
- nella parte sinistra troviamo una espressione letterale che chiameremo **PRIMO MEMBRO**, o **MEMBRO A SINISTRA**
- nella parte destra dell'uguale troviamo una espressione letterale che chiameremo **SECONDO MEMBRO**, o **MEMBRO A DESTRA**

A differenza delle equazioni, nelle disequazioni non otteniamo un valore come risultato ma bensì un **insieme di valori**, chiamato molte volte **intervallo di valori** che rendono vera la disequazione.

L'insieme di valori può essere rappresentato sulla linea dei numeri, vediamone alcuni esempi:

$x > -2$

Può essere rappresentato graficamente in questa maniera, notare che il rettangolo non tocca il -2 in quanto stiamo dicendo che x vale tutti i numeri maggiori di -2, quindi tutti i numeri che stanno a destra di -2, MA NON -2:

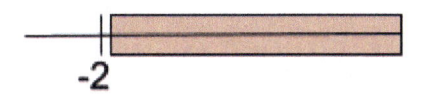

$x \leq 1$

Notiamo invece che qui ho preso tutti i numeri più piccoli di 1, quindi che stanno a sinistra di 1, compreso l'1, ecco perché il rettangolo inizia dall':

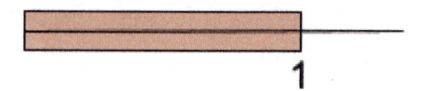

Se invece dovessi dire "tutti i numeri che sono compresi tra -3 e 4, -3 compreso" allora la scrittura in matematica è più complessa, dato che vuol dire che questi numeri sono CONTEMPORANEAMENTE maggiori o uguali di -3,, ma minori di 4, quindi si scriverà:

$-3 \leq x < 4$

Graficamente avremo un rettangolo che inizia dal -3, toccandolo, e che arriva al 4, avvicinandosi senza toccarlo:

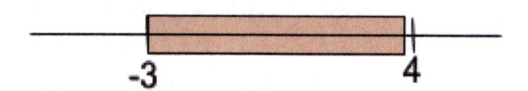

Come nelle equazioni, anche qui valgono gli stessi PRINCIPI DI EQUIVALENZA.

DISEQUAZIONI DI PRIMO GRADO INTERE

Quando si parla di **disequazioni intere**, come nelle equazioni, si pensa che non debbano comparire frazioni al suo interno. Questo di per sé è corretto, ma è necessario dire che non ci sono frazioni algebriche al suo interno, quindi l'incognita (per intenderci la x) non comparirà mai al DENOMINATORE.

Per risolvere le disequazioni numeriche intere di primo grado è necessario (esattamente come per le equazioni):
- fare i calcoli in modo da togliere tutte le parentesi
- se ci sono frazioni, trovare il denominatore comune a tutte le frazioni, indipendentemente se si trovano al primo o al secondo membro, valutando successivamente i numeratori
- togliere il denominatore, moltiplicando ambo i membri per lo stesso valore che ha il denominatore comune stesso
- eseguo eventuali altri calcoli in modo da togliere le parentesi
- spostare i monomi con la parte letterale al primo membro e i termini noti al secondo membro, ricordando che spostando i valori è OBBLIGATORIO CAMBIARE DI SEGNO (ma attenzione: solo se vengono spostati di membro)
- fare le somme dei membri, in questo caso tutti i monomi di grado superiore ad 1 dovranno scomparire, in caso contrario o si è sbagliato a fare dei calcoli oppure si tratta di un'equazione di grado superiore al primo, quindi vedere l'argomentazione successiva.
- se il termine con la x ha segno negativo, cambio tutto di segno e **cambio il verso**, questo significa che se ho un minore, dovrò mettere il maggiore (e viceversa), e se ho un minore uguale, dovrà mettere il maggiore uguale (e viceversa=
- scrivere la soluzione a seconda dei casi
  - se il termine con la x ha un coefficiente numerico diverso da 1, allora dividere entrambi i membri per il valore di tale coefficiente. Il nostro scopo è arrivare a scrivere:

  $$x[> o \geq o < o \leq] NUMERO$$

  - se il termine con la x va via (quindi diventa zero) mentre nel secondo membro otteniamo ancora un numero, abbiamo una situazione in cui dobbiamo valutare ciò che abbiamo scritto se ha senso o meno:
    - $0 [> o \geq] NUMERO\ NEGATIVO$ allora scriverò che è **SEMPRE VERIFICATA** o $\forall x \in R$
    - $0 [< o \leq] NUMERO\ POSITIVO$ allora scriverò che è **SEMPRE VERIFICATA** o $\forall x \in R$
    - IN TUTTI GLI ALTRI CASI, scrivo che ho un risultato **IMPOSSIBILE**, oppure $\nexists x \in R$

- se il termine con la x va via (quindi diventa zero) e anche al secondo termine scompaiono tutti i numeri, ottengo una situazione di questo genere:

$$0 \;[> o \geq o < o \leq] \; 0$$

In questo caso bisogna anche qui vedere il verso della disequazione
- se la disequazione è $\geq o \leq$ allora scriverò che è **SEMPRE VERIFICATA** o $\forall x \in R$
- se la disequazione è $> o <$ allora scriverò che ho un risultato **IMPOSSIBILE**, oppure $\nexists x \in R$

Esempio:

$$\frac{2x+1}{3} - \frac{x}{6} \geq \frac{5(x+2)}{4}$$

Eseguo i calcoli in modo da togliere le parentesi:
$$\frac{2x+1}{3} - \frac{x}{6} \geq \frac{5x+10}{4}$$

Trovo il denominatore comune (m.c.m.) tra 3, 6 e 4: 12, e valuto i numeratori
$$\frac{4(2x+1) - 2x}{12} \geq \frac{3(5x+10)}{12}$$

Tolgo il denominatore moltiplicando il primo ed il secondo membro per il m.c.m. 12:
$$\cancel{12} \cdot \frac{4(2x+1) - 2x}{\cancel{12}} \geq \frac{3(5x+10)}{\cancel{12}} \cdot \cancel{12}$$

Eseguo i calcoli in modo da togliere le parentesi:
$8x + 4 - 2x \geq 15x + 30$

Sposto i monomi con la parte letterale a SINISTRA e i termini noti a DESTRA, ricordando di cambiare segno se sposto il termine:
$8x - 2x - 15x \geq 30 - 4$

Eseguo le somme:
$-9x \geq 26$

Cambio tutto di segno dato che il termine con la x ha segno negativo, ricorndandomi di cambiare il verso:
$9x \leq -26$

Divido per il coefficiente vicino alla x:

$$\frac{9x}{9} \leq \frac{-26}{9}$$

Semplifico, in modo da avere un coefficiente con la x pari a 1:

$$\frac{\cancel{9x}}{\cancel{9}} \leq \frac{-26}{9} \implies x \leq \frac{-26}{9}$$

Scrivo il risultato nella forma grafica:

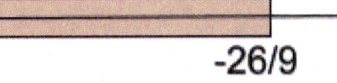

−26/9

EQUAZIONI DI GRADO SUPERIORE AL PRIMO RICONDUCIBILI AL PRIMO

È possibile che, durante gli esercizi, capitino disequazioni in cui i **monomi di grado più alto del primo** non spariscano durante i calcoli, in tal caso l'equazione risultante non è più di primo grado ma sarà di grado superiore al primo.

Cosa fare in questo caso?

Dopo aver fatto i primi 4 punti visti precedentemente, eseguire i seguenti passaggi:
- spostare tutti i termini al primo membro, ricordando che se si spostano è necessario cambiare di segno, il secondo membro deve essere ZERO
- provare a scomporre il polinomio in fattori seguendo le regole dei capitoli precedenti
- studiare ogni fattore sempre MAGGIORE (MAGGIORE-UGUALE se nella disequazione di partenza è presente l'uguale) di zero indipendentemente dalla disequazione di partenza
- procedere quindi, per ogni fattore, agli **ultimi 3 passaggi** visti precedentemente
- valutare i segni facendo il GRAFICO DEI SEGNI:
    - mettere i numeri ottenuti nei vari fattori, in ordine crescente
    - sotto ogni numero fare una linea verticale
    - per ogni fattore, fare una linea orizzontale continua seguendo il verso della disequazione finale di quel fattore:
        - se è $>o\geq$ faccio una linea continua verso destra da quel numero in poi, e il resto lo tratteggio, ricordandomi che se ho l'uguale dovrò fare un pallino pieno sul numero, altrimenti vuoto
        - se è $<o\leq$ faccio una linea continua verso sinistra da quel numero in poi, e il resto lo tratteggio, ricordandomi che se ho l'uguale dovrò fare un pallino pieno sul numero, altrimenti vuoto
      se ho quindi 2 fattori, dovrò fare, oltre la linea dei numeri messi in ordine crescente, anche due altre linee, una per ogni fattore
    - la linea continua vuol dire +, la linea tratteggiata vuol dire -
    - eseguo la MOLTIPLICAZIONE IN COLONNA ricordandomi la regola dei segni e scrivo il risultato in basso
- riguardo quindi il verso della disequazione prima aver studiato i fattori separatamente:
    - se è $>o\geq$ allora faccio un cerchio sui segni + dell'ultima riga del grafico
    - se è $<o\leq$ allora faccio un cerchio sui segni - dell'ultima riga del grafico
- scrivo la soluzione considerando l'area cerchiata (uso l'uguale solo se c'è il pallino pieno):
    - se sta tutto a sinistra scriverò $x[<o\leq]NUMERO$

- se sta in mezzo a due numeri scriverò $NUM1[< o \leq]x[< o \leq]NUM2$
- se sta tutto a destra scriverò $x[> o \geq]NUMERO$

Esempio:

$x(x-5) < x^2 - x(x+6) + 6(x-1)$

Eseguo i calcoli:
$x^2 - 5x < x^2 - x^2 - 6x + 6x - 6$

Osservo che ho dei termini elevati alla seconda quindi sposto tutto al primo membro, ricordandomi di cambiare di segno quando sposto:
$x^2 - 5x - x^2 + x^2 + 6x - 6x + 6 < 0$

Eseguo le somme:
$x^2 - 5x \cancel{-x^2} \cancel{+x^2} \cancel{+6x} \cancel{-6x} + 6 < 0$
$x^2 - 5x + 6 < 0$

Essendo di secondo grado (c'è x^2) allora devo per forza scomporre (uso SOMMA-PRODOTTO):
$(x-2)(x-3) < 0$

Studio i fattori separatamente MAGGIORI di zero (non uguali perché non c'è l'uguale nella disequazione sopra), indipendentemente dal verso della disequazione sopra:
$F1: x - 2 > 0 \implies x > 2$
$F2: x - 3 > 0 \implies x > 3$

Faccio il grafico dei segni, mettendo i numeri (2 e 3) in ordine crescente, tracciando una linea continua a destra di tali numeri e tratteggiando il resto. ATTENZIONE: il pallino che metto nella colonna dei numeri è vuoto in quanto ho solo maggiore e non maggiore uguale. Valuto quindi le moltiplicazioni dei segni in colonna:

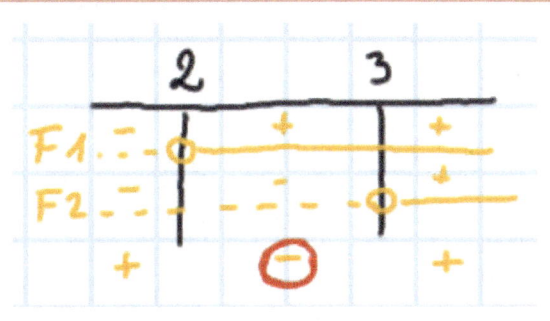

Ho cerchiato il MENO (cerchio rosso), in quanto la disequazione, prima dello studio separato dei fattori, è MINORE.
Scrivo quindi il risultato: $2 < x < 3$

DISEQUAZIONI FRATTE

Cosa succede se all'interno della disequazione ci sono delle **frazioni algebriche** e quindi l'incognita compare anche al denominatore?

Esattamente come nelle disequazioni intere in cui comparivano delle frazioni con il denominatore numerico (non letterale), anche qui è necessario trovare il denominatore comune, il problema però sta nel fatto che è d'obbligo sapere tutto il procedimento della somma algebrica delle frazioni algebriche. Perciò se qualcosa non è chiaro ti consiglio di andare a rivederti l'argomentazione nei capitoli precedenti.

Una volta però trovato il denominatore comune e valutato ogni singolo numeratore, non è possibile togliere il denominatore, ma bensì è necessario valutarlo separatamente come se fosse un fattore.

I passaggi da seguire sono quindi:
- fare i calcoli ai numeratori in modo da togliere le parentesi
- scomporre tutti i denominatori e trovare il m.c.m tra questi
- fare due linee di frazione separate dall'uguale con al denominatore il m.c.m. trovato prima, e valutare ogni numeratore, ricordando che se c'è un meno davanti alla frazione è d'obbligo mettere le tonde, esso infatti cambierà tutti i segni del numeratore della frazione
- fare i calcoli dei numeratori e portare tutto a primo mebro
- studiare separatamente il NUMERATORE e il DENOMINATORE entrambi SEMPRE MAGGIORI (o MAGGIORE UGUALE SOLO IL NUMERATORE a seconda se c'è o meno l'uguale nella disequazione iniziale) di ZERO.
ATTENZIONE: se numeratore e denominatore sono di grado superiore al primo è necessario eseguire tutti i passaggi visti precedentemente
- eseguire gli **ultimi 3 passaggi** delle disequazioni di grado superiore al primo

Esempio:

$$\frac{x}{x^2 - 5x + 6} \geq -\frac{1}{x-3}$$

Essendoci la x al denominatore si tratta di frazioni algebriche quindi inizio a scomporre i denominatori:
$D1: x^2 - 5x + 6 \implies (x-2)(x-3)$ → *somma-prodotto*
$D2: x - 3$ → *non scomponibile*

Mi trovo il m.c.m.: $(x-2)(x-3)$

Scrivo l'equazione con il denominatore comune valutando i numeratori:

$$\frac{1(x)}{(x-2)(x-3)} \geq -\frac{(x-2)(1)}{(x-2)(x-3)}$$

Faccio i calcoli al numeratore e porto tutto al primo membro, arrivando ad avere un'unica frazione algebrica:

$$\frac{x}{(x-2)(x-3)} \geq -\frac{x-2}{(x-2)(x-3)}$$

$$\frac{x}{(x-2)(x-3)} + \frac{x-2}{(x-2)(x-3)} \geq 0$$

$$\frac{x+x-2}{(x-2)(x-3)} \geq 0$$

$$\frac{2x-2}{(x-2)(x-3)} \geq 0$$

Studio separatamente il NUMERATORE MAGGIORE O UGUALE A ZERO, mentre il DENOMINATORE SOLO MAGGIORE A ZERO (MAI uguale):

$NUM \geq 0 : 2x - 2 \geq 0 \implies 2x \geq 2 \implies \frac{\cancel{2}x}{\cancel{2}} \geq \frac{\cancel{2}}{\cancel{2}} \implies x \geq 1$

$DEN > 0$
$(x-2)(x-3) > 0$

Essendo composto studio separatamente i fattori maggiori di zero

$F1 > 0 : x - 2 > 0 \implies x > 2$
$F2 > 0 : x - 3 > 0 \implies x > 3$

Faccio il grafico dei segni del SOLO DENOMINATORE:

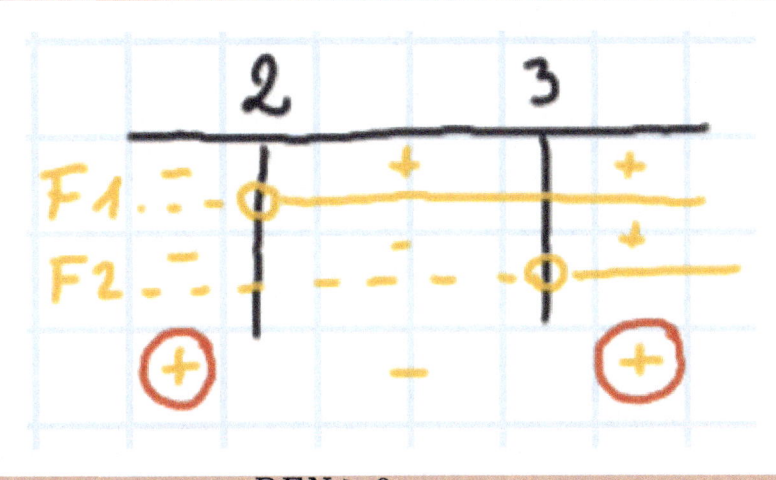

Ho cerchiato il segno + in quanto il $DEN \geq 0$
Scrivo quindi la soluzione del DENOMINATORE:
$x < 2 \lor x > 3$

Faccio infine un grafico dei segni mettendo la soluzione del NUMERATORE e quella del DENOMINATORE insieme:
- soluzione del NUM: $x \geq 1$
- soluzione del DEN: $x < 2 \vee x > 3$

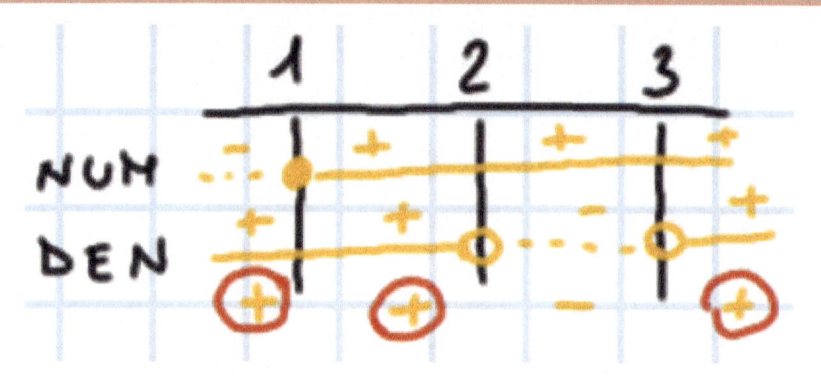

Ho cerchiato i + in quanto la disequazione iniziale era $\geq$

Scrivo quindi la soluzione:
$x \leq 1 \vee 1 \leq x < 2 \vee x > 3$

Essendo però l'uno compreso in ambo le parti posso quindi ridurre la soluzione in:
$x < 2 \vee x > 3$

CONCLUSIONI e RINGRAZIAMENTI

Se state leggendo questa parte vuol dire che avete intrapreso un intero anno scolastico e spero di essere stato d'aiuto durante il *viaggio* degli argomenti trattati.

Probabilmente alcune parti sono state più complesse, altre invece molto più scorrevoli e facili da intraprendere, però se non ci fossero le sfide che senso avrebbe imparare qualcosa di nuovo.

Mi sento quindi di ricordarti che quando troverai delle difficoltà, non abbatterti, ma bensì riorganizza le idee, ordina i concetti fondamentali in capitoli e tieni da parte quelle regole che, quando ne avrai bisogno, saprai esattamente dove trovarle e come consultarle.

Se invece hai avuto difficoltà o suggerimenti, non esitare a contattarmi per mail all'indirizzo:

meredythrhys@gmail.com

Magari una call su Google Meet potrebbe aiutare a risolvere qualche problema e/o dettaglio che a parole o per iscritto non sono riuscita a spiegare.

Volevo quindi ringraziarvi per avermi seguito e per avermi dato fiducia durante la lettura del libro.
Voglio dire un immenso grazie a coloro che mi hanno spronata e incoraggiata nel libro: Daniel, Cristina e Danilo, che mi sono stati sempre vicino e mi hanno consigliato sulle possibilità di un libro come questo.

Printed in Great Britain
by Amazon